Khairulla Usmanov

Limpador de algodão para pequenas ervas daninhas em configuração vertical

Khairulla Usmanov

Limpador de algodão para pequenas ervas daninhas em configuração vertical

São investigadas as questões relacionadas com a limpeza eficaz do algodão através do método vertical

ScienciaScripts

Imprint

Any brand names and product names mentioned in this book are subject to trademark, brand or patent protection and are trademarks or registered trademarks of their respective holders. The use of brand names, product names, common names, trade names, product descriptions etc. even without a particular marking in this work is in no way to be construed to mean that such names may be regarded as unrestricted in respect of trademark and brand protection legislation and could thus be used by anyone.

Cover image: www.ingimage.com

This book is a translation from the original published under ISBN 978-620-7-44996-5.

Publisher:
Sciencia Scripts
is a trademark of
Dodo Books Indian Ocean Ltd. and OmniScriptum S.R.L publishing group

120 High Road, East Finchley, London, N2 9ED, United Kingdom
Str. Armeneasca 28/1, office 1, Chisinau MD-2012, Republic of Moldova, Europe
Printed at: see last page
ISBN: 978-620-7-75717-6

Conteúdo

Kh.S.Usmanov Limpador de algodão de pequenas impurezas de ervas daninhas de disposição vertical. 2023.

A monografia analisa as tecnologias e equipamentos nacionais e estrangeiros existentes para a limpeza do algodão de poeiras finas. São consideradas as questões da criação de uma máquina de limpeza de algodão vertical eficaz com base no desenvolvimento de métodos de investigação e na modelação do movimento do algodão na secção de limpeza de algodão a PARTIR DE POEIRAS FINAS com tambores de estaca e de placa dispostos verticalmente e em paralelo.

É revelado que, ao aumentar o ângulo de circunferência da área de trabalho com uma superfície de malha, o número de estacas envolvidas no processo de limpeza do algodão aumenta, aumentando o efeito de limpeza, os indicadores qualitativos naturais da matéria-prima de algodão processada são preservados.

Foi criada a máquina de limpeza vertical de algodão a partir de lixo fino, que economiza energia e recursos e que passou nos testes laboratoriais e de produção.

INTRODUÇÃO

De acordo com o Comité de Agricultura dos Estados Unidos (USDA) [1], o consumo de algodão na Ásia Central está a aumentar significativamente à medida que os países implementam políticas destinadas a reduzir as exportações da matéria-prima e a apoiar o valor acrescentado dos produtos de algodão.

No Decreto do Presidente da República do Uzbequistão № UP-60 "Sobre a estratégia de desenvolvimento do novo Uzbequistão para 2022-2026" datado de 28 de janeiro de 2022, o Anexo III "Desenvolvimento acelerado da economia nacional e garantia de altas taxas de crescimento" no objetivo № 22 "Continuação **da implementação da política industrial destinada a garantir a estabilidade da economia nacional, aumentando a participação da indústria no produto interno bruto e o crescimento da produção industrial em 1,4 vezes" definiu a tarefa de** "...aumentar o volume de produção da indústria têxtil". [2].

O Uzbequistão passou a transformar totalmente as fibras de algodão a partir de 2020, organizando clusters de algodão-têxteis e colhendo predominantemente o algodão com máquinas de colheita de algodão.

Com base nesta situação em clusters de algodão-têxtil em fábricas de transformação de algodão, devem ser resolvidas as seguintes tarefas:

- tendo em conta o facto de o equipamento estrangeiro de limpeza do algodão não satisfazer plenamente as necessidades e os requisitos dos clusters locais de algodão e têxteis, modernizar o equipamento e as tecnologias de limpeza existentes.

- Em ligação com a transição predominante para a colheita mecanizada do algodão, é necessário criar uma máquina de limpeza de algodão a partir de pequenas ervas daninhas que poupe recursos e energia.

REVISÃO ANALÍTICA DO ESTADO DE DESENVOLVIMENTO DO EQUIPAMENTO E DA TECNOLOGIA PARA A LIMPEZA DO ALGODÃO DE IMPUREZAS FINAS DE ERVAS DANINHAS

1.1 Estudo da técnica e da tecnologia de limpeza do algodão de pequenas impurezas de ervas daninhas no estrangeiro

Nos EUA (Fig. 1.1), são utilizados no esquema tecnológico limpadores de tambor inclinado por gravidade (9) com aquecimento de ar quente do sistema de secagem para remover a seiva fina. O limpador pode ser utilizado como um separador pneumático. Após a limpeza das ervas daninhas pequenas, o algodão vai para o limpador (10), para limpeza de galhos, faixas e outras ervas daninhas grandes. O algodão é submetido a uma limpeza sequencial em duas secções de limpeza constituídas por tambores serrilhados e grelhas; a terceira secção de regeneração destina-se a devolver os resíduos ao fluxo geral de algodão.

O sistema de secagem e limpeza que se segue está equipado com um dispositivo de limpeza Impact shaker (12) montado por baixo dos dispositivos de limpeza por gravidade inclinados (9). Esta máquina de limpeza só está disponível na Continental Eagle. Foi concebido para a limpeza de algodão com grandes bloqueios. A limpeza ocorre como resultado da interação dos tambores cónicos com uma série de discos dentados que formam uma grelha rotativa. Tal como todos os limpadores inclinados de folhagem grossa, o limpador Impact está equipado com uma secção de regeneração.

Todo o complexo do equipamento acima referido está localizado num edifício de produção com uma área de transporte mínima. Durante o processo de secagem e limpeza, o algodão está em contacto contínuo com ar quente, o que garante a extração de humidade em todas as transições. A temperatura do meio de transferência de calor e do algodão é controlada por um sensor e por controladores, o que garante que a matéria-prima é alimentada aos descaroçadores com um teor de humidade estável de 6 por cento. A tecnologia de desmontagem, secagem e limpeza listada é igualmente adequada tanto para a serração como para o moinho de rolos. Todo o equipamento de secagem e limpeza está disponível em duas modernizações, com diferentes larguras de corpos de trabalho. Se a capacidade da fábrica for superior a 23-30 fardos por hora (fibra), é fornecida uma linha adicional de processamento, secagem e limpeza no layout listado com a instalação de um segundo separador no transportador de distribuição, que está equipado com uma válvula articulada acima de cada descaroçador.

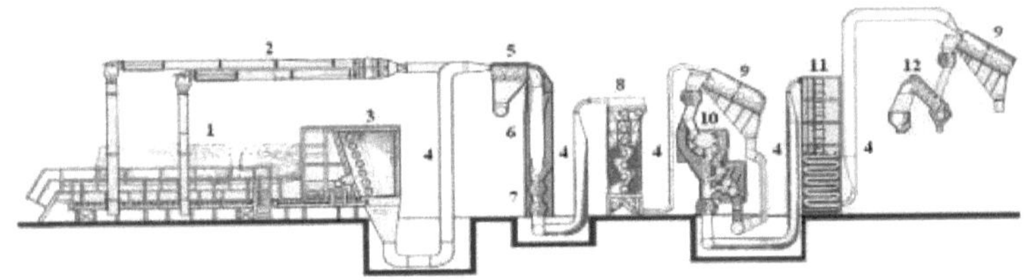

Fig.1.1 Sequência tecnológica do equipamento de secagem e limpeza do algodão

1.Módulo de algodão; 2.Auto regulador do alimentador; 3 Secção de desmontagem;
4.Tubagens; 5.Separador Vig "J"; 6.Tremonha; 7.Válvulas de vácuo; 8.Secador de
fluxo vertical; 9.Crivo fino; 10.Crivo
grosso; 11.Secador de torre; 12.Crivo grosso.

O limpador de seiva fina de seis tambores (Limpador - 96" e 120") é totalmente metálico, produzido em duas variantes, largura -96" (2438 mm.) e largura -120" (3045 mm.), tem seis tambores cónicos (Fig.3), instalados numa fila com uma inclinação de 30:35 em relação à horizontal. Sob os tambores há também grelhas pesadas com uma folga de 5-7 mm. É produzido em diferentes variantes: há modelos com tambor de serra de regeneração, há modelos utilizados como separador-limpador e outros tipos. O principal objetivo destes desenvolvimentos é aumentar a produtividade do algodão processado e o efeito de limpeza da máquina com a máxima preservação dos parâmetros tecnológicos do algodão.

A máquina de limpeza (Fig.1.2) funciona na seguinte sequência: o algodão passa pela tubagem através do bocal (1) e, misturado com ar, entra no primeiro tambor cónico (2). Os tambores rodam na direção do fluxo, pelo que o algodão se move soltando-se na superfície dos tambores cónicos até atingir o último sexto tambor e passar para a parte inferior (debaixo) dos tambores. O algodão move-se agora na direção oposta. À medida que os tambores rotativos com as suas estacas soltam o algodão na superfície das grelhas do tanque (3). Devido ao impacto e à força centrífuga dos tambores rotativos, a areia fina cai através do lúmen (abertura) das grelhas do tanque e a limpeza é efectuada. O algodão limpo que se encontra debaixo do primeiro tambor cai na calha (4) para o processamento seguinte. O sorgo separado da tremonha (5) é descarregado pelo transporte de sorgo.

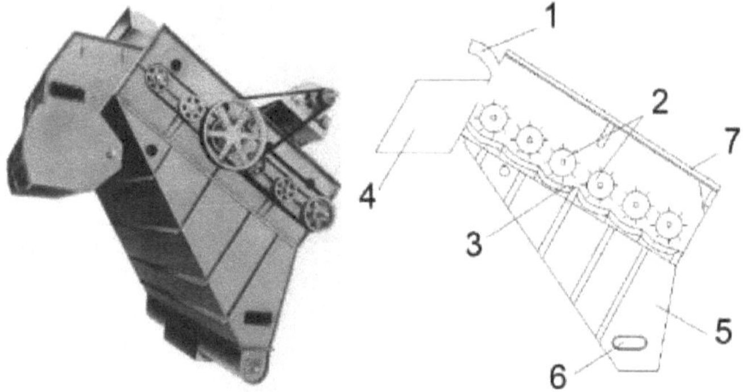

Fig.1.2 Aspeto e diagrama do processo da máquina de limpeza de seis tambores (Cleaner - 96'e120')

1. tubo de entrada; 2. tambores de estaca; 3. grelhas prudenciais; 4. tabuleiro de saída de algodão cru limpo; 5. tremonha de seiva ; 6. janela de inspeção.

Nas fábricas de descaroçamento de algodão na Índia, as Bajaj Steel Industries Ltd (Fig.1.3) [3, p.-42-51] são utilizadas para limpar as impurezas finas das ervas daninhas.

As máquinas de limpeza de ervas daninhas finas do tipo inclinado são eficazes na limpeza do algodão. São normalmente constituídas por 4 a 6 tambores de agulha dispostos em série, que puxam o algodão através de uma superfície de rede para o limpar. Os tambores batedores rodam no sentido contrário ao dos ponteiros do relógio à mesma velocidade.

Devido à rotação dos tambores de estacas, o algodão é arrastado ao longo de todo o comprimento do tambor e, devido ao impacto e à ação de agitação, as ervas daninhas finas são extraídas de debaixo de cada tambor de estacas. As superfícies de limpeza são feitas sob a forma de uma superfície de malha ou grelhas. As impurezas das ervas daninhas libertadas através da superfície da malha ou da grelha são removidas da máquina pela broca de ervas daninhas.

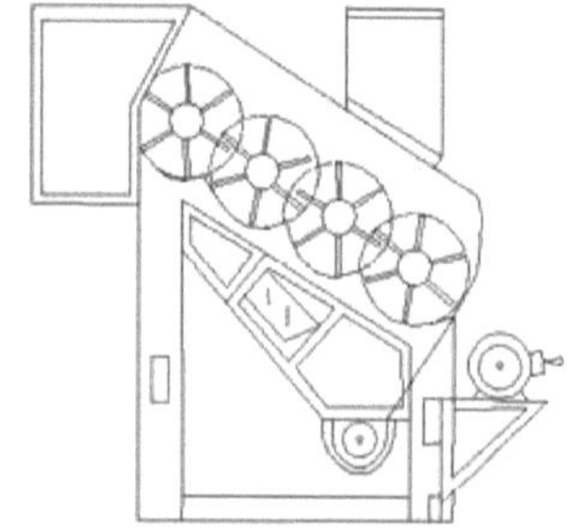

Fig. 1.3 Limpador inclinado fabricado na Índia (Projeto de Bajaj Steel Industries Ltd)

Os limpadores horizontais de ervas daninhas finas da AVI Ginning Machinery ou da Kawaadi (Fig. 1.4) limpam eficazmente o algodão de vários tipos de impurezas de ervas daninhas, tais como impurezas minerais e impurezas orgânicas finas. O princípio de funcionamento da máquina de limpeza horizontal é semelhante ao da máquina de limpeza de algodão inclinada para impurezas de ervas finas. O número de tambores é determinado pelas necessidades de limpeza e pode variar entre 6 e 10 tambores, estando todos os tambores de piquetagem dispostos horizontalmente, uns a seguir aos outros. Os principais órgãos de trabalho da máquina de limpeza Kawaadi são os rolos de alimentação, os tambores cónicos principais, o dispositivo de controlo e os mecanismos de transmissão, os motores eléctricos. O alimentador é constituído por dois rolos de alimentação. Sob os rolos de alimentação rotativos, encontra-se um tambor de estacas principal com 100 mm de diâmetro. As estacas estão dispostas em quatro filas e há 15 estacas em cada fila.

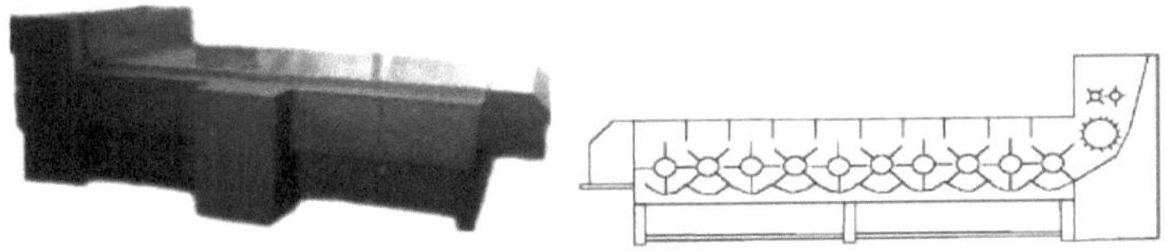

Fig.1.4 Limpador horizontal fabricado na Índia (projeto da AVI Ginning Machinery)

Os tambores de limpeza têm 150 mm de diâmetro e seis filas de cavilhas com 140 mm de comprimento. Há 15 cavilhas em cada fila e a distância entre elas é de 85 mm. Os tambores de descasque são colocados paralelamente uns aos outros.

Na China, os limpadores de algodão estão instalados nas secções de secagem e limpeza da fábrica de algodão. Esta tarefa é igualmente desempenhada por máquinas de limpeza de alimentação instaladas em cada descaroçador. O principal fabricante de equipamento para algodão é a Swan AC, com uma fábrica e um centro técnico na província de Shandong. A Swan desenvolveu mais de 30 novas tecnologias. As máquinas de limpeza de algodão de pequenas infestantes na República Popular da China têm um design idêntico ao das máquinas americanas [4], por exemplo, a máquina de limpeza MQZK -2400 (Fig. 1.5) tem duas secções de limpeza, que limpam pequenas e grandes infestantes. Tem dois motores, um para o tambor de descasque e o outro para o tambor de serra. O algodão, com a ajuda de um rolo-guia (1), entra no interior da máquina de limpeza na superfície dos tambores de descasque (2). Ao ser solto pelos tambores de descasque, é encaminhado para o tambor mais exterior (3), onde muda de direção, passando por baixo dos tambores de descasque.

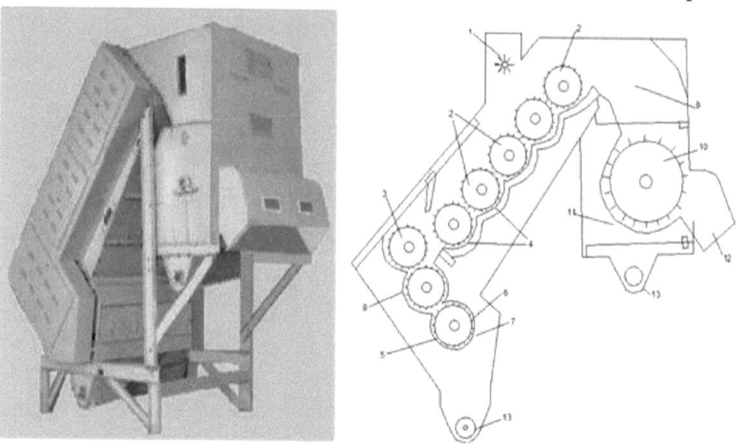

Fig.1.5 Vista externa e secção transversal da máquina de limpeza de algodão MQZK -2400

1. rolo guia; 2. tambor de estaca; H. tambor de borda; 4. grelhas de barra; 5. tambor serrilhado de regeneração; b. escova de lapidação; 7. grelha de estaca; 8. tambor de escova; 9. eixo; 10. Tambor de limpeza de espigões; 11.Superfície da grelha; 12.Tabuleiro; 13.Transportador helicoidal.

O algodão é arrastado através das grelhas de barras (4) pela força centrífuga e, ao bater nas estacas do tambor, as impurezas das ervas daninhas são separadas através da fenda das grelhas de barras. O peso dos tambores é o mesmo Os tambores têm o mesmo desenho e rodam na mesma direção e com a mesma velocidade, pelo que o desprendimento do algodão é transferido de um para o outro, no decurso do processo, e o algodão é sujeito a limpeza, movendo-se simultaneamente em direção ao eixo de transição (9).

O algodão a ser limpo é agora transportado para a secção de limpeza seguinte, onde está instalado um tambor de limpeza de grande diâmetro (10). O algodão é mais uma vez limpo de pequenas impurezas. Uma vez que está instalada uma superfície de rede (11) por baixo do tambor, as pequenas ervas daninhas são extraídas através das suas aberturas e o algodão limpo é descarregado através de um tabuleiro (12) para o processo seguinte (máquina).As moscas de algodão individuais na mistura de impurezas de ervas daninhas libertadas sob a influência dos tambores de piquetagem (2) na primeira secção, são apanhadas (regeneradas) pelo tambor de serra de regeneração (5) e, com a ajuda do tambor de escova (8), são removidas dos dentes dos tambores de serra e transferidas (ejectadas) para a corrente principal de limpeza para os tambores de piquetagem.

As impurezas separadas das ervas daninhas caem na tremonha de ervas daninhas e são descarregadas da máquina por um transportador helicoidal (13).

As figuras 1.6 e 1.7 mostram os desenhos dos limpadores PRC.

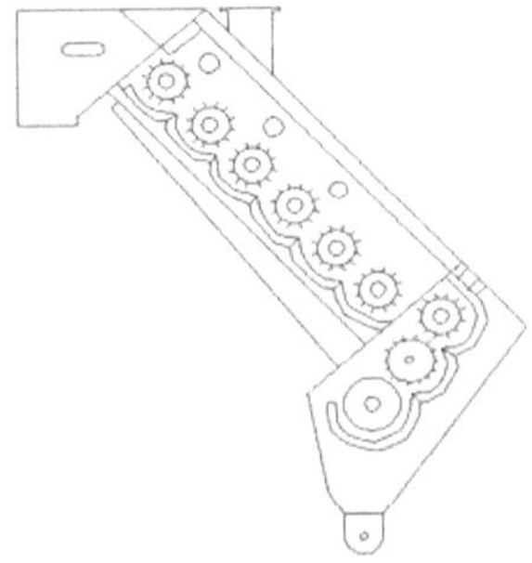

Fig.1.6 Máquina de limpeza de algodão inclinada PRC MQZH-15

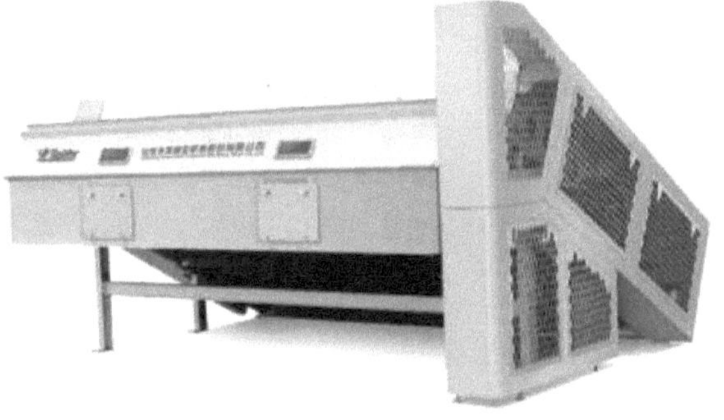

Marca	Capacidade kg/hora	Consumo de energia, kW	Dimensões totais, mm	Peso kg
MQZX-15	13000-15000	22	4460x3344x3726	5700
MQZX-12	10000-12000	18,5	4010x3344x3726	5200
MQZX-IO	8000-10000	15	4010x3344x3726	4500
MQZX-17	6000- 7000	11	2810x3344x3726	3500

Fig.1.7 Características das máquinas de limpeza de algodão inclinadas da série MQZX

A análise dos limpadores estrangeiros de algodão de impurezas de ervas finas mostra que o desenvolvimento da investigação sobre a melhoria do processo de limpeza foi efectuado através de combinações horizontais e inclinadas de corpos de trabalho (tambores de estaca). °Além disso, em todas as concepções estrangeiras de limpadores de seiva fina, as secções de limpeza não funcionam de forma suficientemente eficaz, uma vez que o ângulo de contacto entre o tambor de estacas e a superfície da malha não excede o valor de 90 .

1.2 Análise das técnicas e tecnologias nacionais de limpeza do algodão para
remover as impurezas das ervas daninhas

As reformas implementadas pelo Governo da República ao longo dos anos de independência melhoraram significativamente a qualidade da fibra de algodão e aumentaram a rendibilidade da indústria do algodão [5], mas a tecnologia de limpeza do algodão não sofreu alterações significativas ao longo de várias décadas.

A remoção de impurezas finas de ervas daninhas do algodão é um processo tecnológico importante no processamento primário do algodão, que influencia significativamente os processos subsequentes, como o descaroçamento e o descaroçamento das fibras. No caso de uma limpeza de má qualidade das impurezas finas, estas passam de impurezas passivas a impurezas activas, o que, por sua vez, complica o processo de descaroçamento das fibras.

Nos limpadores de seiva fina para a extração de impurezas finas de ervas daninhas do algodão, são utilizados limpadores constituídos por tambores de agitação (ou parafusos de agitação) que funcionam em combinação com superfícies de malha ou grelhas.

As máquinas de limpeza de finos são axiais e de ação direta, dependendo da forma como os órgãos de trabalho incidem sobre o algodão processado. Nas máquinas de limpeza de algodão com método de ação axial, o algodão é alimentado a partir de uma secção estreita da máquina e move-se ao longo de todo o comprimento do órgão de trabalho (sem-fim), em resultado do impacto repetido sobre ele, do processo de movimento ao longo do eixo do órgão de trabalho, da limpeza e da descarga na secção final da máquina.

Nas máquinas de limpeza de algodão de ação direta, o algodão é introduzido na zona de trabalho ao longo de todo o seu comprimento simultaneamente e desloca-se num plano perpendicular ao eixo longitudinal dos tambores. Neste caso, o algodão a limpar é sujeito a um único impacto dos mesmos elementos de trabalho (tambor de recolha).

Um exemplo de máquinas de limpeza de decapagem fina de ação axial é a máquina de limpeza de decapagem fina do tipo parafuso 6A-12M. (Fig. 1.8), anteriormente muito utilizado para limpar o algodão de pequenas impurezas de ervas daninhas em oficinas de limpeza de fábricas de descaroçamento de algodão. Caracteriza-se por um elevado efeito de limpeza, muito simples na sua conceção e fiável no seu funcionamento. As desvantagens desta máquina de limpeza incluem o impacto rotativo múltiplo no algodão, que leva à queima da fibra e, subsequentemente, ao aparecimento de defeitos na fibra.

O algodão que entra na máquina de limpeza é separado em dois fluxos independentes e é submetido aos sem-fins superiores rotativos (3).

O sem-fim de estaca é um parafuso de 400 mm de diâmetro de um transportador convencional utilizado para o transporte de algodão, com estacas soldadas a penas que sobressaem 75 mm acima da circunferência das penas.

Os espigões do sem-fim, dispostos numa linha helicoidal, soltam o algodão, atiram-no para cima e deslocam-no gradualmente para a extremidade oposta da máquina.

No processo de movimento e agitação constante do algodão, as impurezas das ervas daninhas são extraídas e caem através das grelhas ou telas (5) que formam a calha do sem-fim.

O algodão, depois de ter sido limpo nos sem-fins paralelos superiores, flui através de veios de ligação verticais (4) para os mesmos sem-fins inferiores (6), que voltam a soltar, agitar e mover o algodão livre de detritos na direção oposta - para a abertura de descarga (7).

As impurezas das ervas daninhas extraídas através das grelhas (peneiras) das secções superior e inferior dos sem-fins caem na tremonha e são retiradas da mesma pelo transportador de ervas daninhas (11).

Devido ao impacto das estacas no algodão à medida que este se desloca, a libertação de impurezas de ervas daninhas é muito intensa.

Cada fardo de algodão está na máquina durante uma média de 30:35 segundos; durante este tempo é repetidamente exposto às estacas do sem-fim. Todas as ervas daninhas que caíram através das redes perfuradas são transportadas através das paredes inclinadas da tremonha de ervas daninhas para o sem-fim de ervas daninhas e para fora da máquina

Tecnologicamente, todos os modelos de máquinas de limpeza de folhagem fina funcionam da mesma forma: quando os tambores de limpeza chocam com as fatias e os fardos de algodão, estes batem repetidamente na superfície da malha, o algodão é preliminarmente solto, criando assim condições para a separação das impurezas das ervas daninhas, que são gradualmente peneiradas e removidas através das aberturas da superfície da malha.

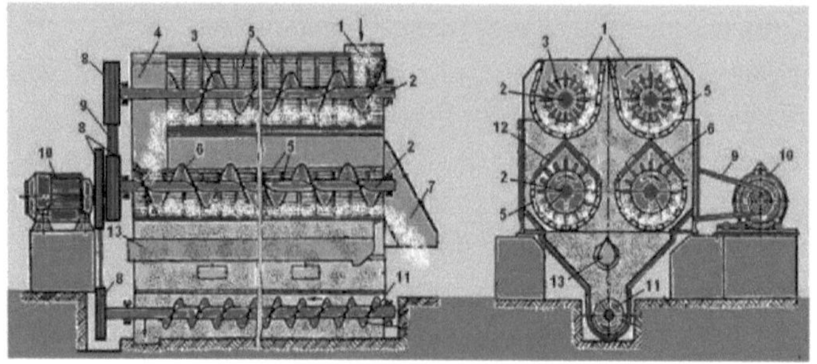

Fig.1.8 Esquema tecnológico da máquina de limpeza de parafusos 6A-12M

1.veio; 2.veio de parafuso; H.parafuso; 4.veio de ligação;
5.Superfície de espigão (malha); b.Sem-fim inferior; 7.
Orifícios de descarga
(calhas); 8.Polias; 9.Correia em V; 10.Motor elétrico;
11.Sem-fim de debulha; 12.Plano inclinado; 13.Tubagem para aspiração
do ar empoeirado da tremonha de debulha.

Para a limpeza do algodão colhido à mão e à máquina de pequenas impurezas de ervas daninhas com teor de humidade não superior a 14%, nas oficinas de limpeza estão instaladas máquinas de limpeza de fluxo direto de ação de marca 1ХK ou СЧ-02. Estas máquinas de limpeza de algodão são também utilizadas como parte de linhas de fluxo em lojas de limpeza e secagem e limpeza de fábricas de algodão. A máquina de limpeza de algodão 1XK inclui uma secção de estaca e um limpador de algodão de pequenos detritos. A secção de estacas é constituída por dois blocos de estacas, prateleiras, tabuleiro e tremonha. O limpador de algodão fino inclui uma unidade de alimentação, uma unidade de estaca, prateleiras e uma tremonha para a saída dos finos. Para facilitar a manutenção, os limpadores 1HK modernos estão equipados com secções de dois tambores de estaca da marca EN.178 (Fig. 1.9).

A montagem de quatro secções resulta numa máquina de limpeza de oito tambores 1HK (Fig.1.10) [12].

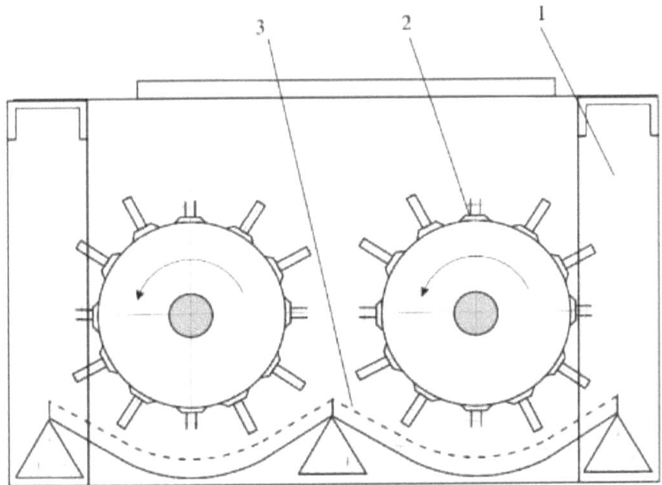

Fig.1.9 Secção de limpeza da marca EN.178

1 armação, 2 tambor de estacas e pranchas, 3 superfície de rede.

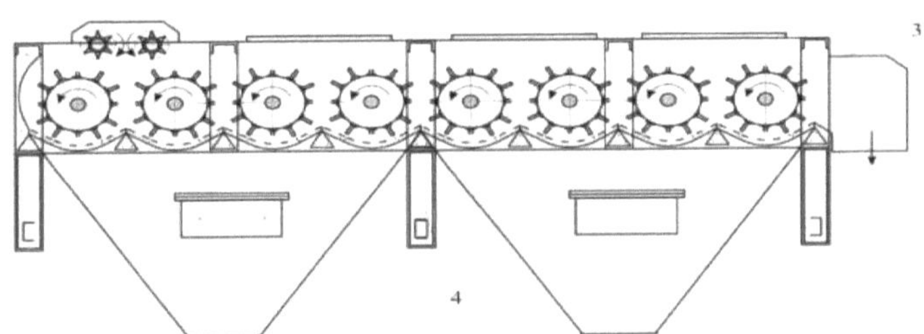

Fig.1.10 Vista geral e diagrama esquemático do dispositivo de limpeza de impurezas finas 1XK

Secção de placa de 1 coluna da EN. 178.01 (com rolos de alimentação);
2, 4 prateleiras, 3 secção de lamelas de PT. 178.02, 5- tremonha.

A praticidade e conveniência das secções EN. 178 é que existe a possibilidade de arranjar e obter qualquer número de secções instaladas sequencialmente para a limpeza de pequenas impurezas de ervas daninhas. Estas secções são também utilizadas nas unidades de descaroçamento de algodão da UCC.

O limpador de algodão de pequenos detritos СЧ-02 (Fig.1.11) é instalado em linhas de fluxo de processamento de algodão em lojas de limpeza de fábricas de descaroçamento de algodão. O esquema tecnológico do limpador SCh-02 é idêntico ao dos limpadores da marca 1XK.

O algodão proveniente da máquina com interface de acordo com o processo tecnológico entra no alimentador nos rolos de alimentação (1), que o alimentam uniformemente a oito tambores de descaroçamento (3) sucessivamente instalados, montados na estrutura (8) da caixa. Os tambores misturam o algodão, prendem-no em grelhas (4) e transportam-no para o último tambor e depois para o tabuleiro (6), a partir do qual é encaminhado para o dispositivo de acasalamento de acordo com o processo tecnológico. As impurezas finas libertadas durante o movimento do algodão nas grelhas são removidas através da tremonha (5).

A desvantagem destas máquinas de limpeza é a sua elevada intensidade metálica e a presença de danos elevados no algodão durante a limpeza, devido à disposição horizontal das secções das estacas.

Nos limpadores de passagem direta, o tambor de rasgar pode ser uma estaca, uma ripa, uma ripa dentada, uma estaca e as telas do sub-tambor podem ser tecidas com células de 10x10 mm estampadas com orifícios ovais de 6x30 mm, ou 6x50 mm, estampadas com orifícios redondos com um diâmetro de 10 mm. e grelhas feitas de arame com um diâmetro de 6 mm e um espaço entre elas de 5 *mm* para criar a área necessária da secção viva da grelha.

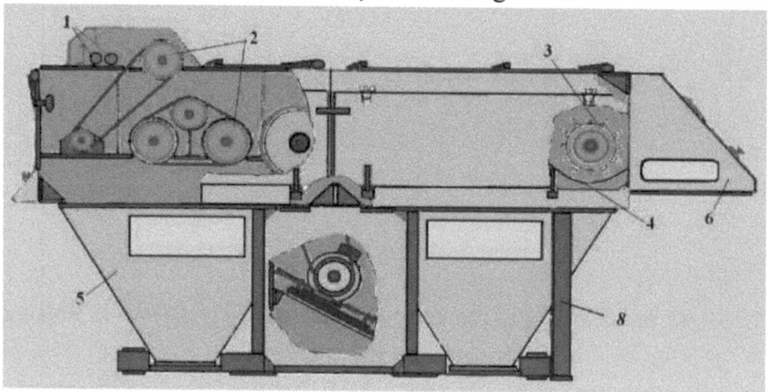

Fig.1.11 Vista geral do aparelho de limpeza СЧ-02

1. Rolos de alimentação; 2. Acionamento; 3. Tambor de espigões; 4. Grelha de espigões (ecrã perfurado); 5. Tremonha de espuma; 6. Tabuleiro;

O principal órgão de trabalho dos limpadores de sorgo fino é um tambor de estacas e ripas [6] é uma estrutura pré-fabricada (Fig. 1.12), que consiste num eixo (1), discos (3), revestimento de folha fina (2) e ripas (6), das quais há oito estacas e quatro ripas de pás.

Os forros de chapa fina são aparafusados entre si e formam 4 filas de ripas e 8 filas de estacas à volta do perímetro do tambor. As ligações das ripas dos forros criam um fluxo de ar durante a limpeza do algodão, o que favorece a separação eficaz das ervas daninhas finas do algodão que está a ser limpo.

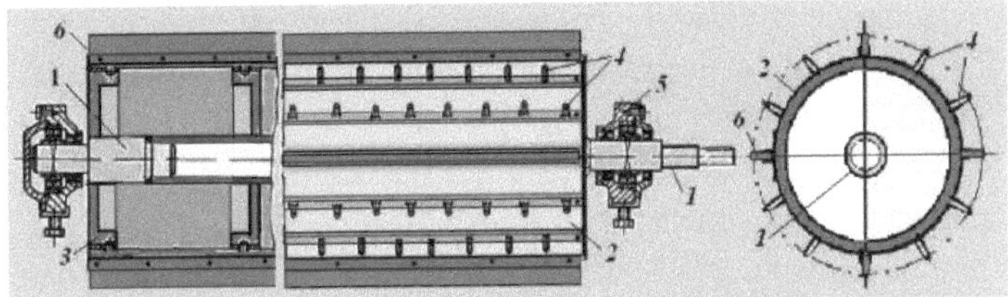

Fig.1.12 Construção de um tambor de estacas e tábuas

1. moente de suporte (eixo do tambor); 2. revestimento (concha do tambor) 3. Flange
do disco; 4. calha de apoio; 5. rolamento; 6. barra;

Verificou-se que, para além do desenho do tambor, o efeito de limpeza é influenciado pelo desenho da superfície da malha. Na indústria de limpeza do algodão, é utilizado um crivo perfurado no tambor inferior (Fig. 1.13). Nos modelos modernos de máquinas de limpeza de seiva fina, são utilizadas superfícies de malha estampada com orifícios de 5x50 mm e a localização do grande eixo dos orifícios perpendicular ao movimento do algodão na máquina.

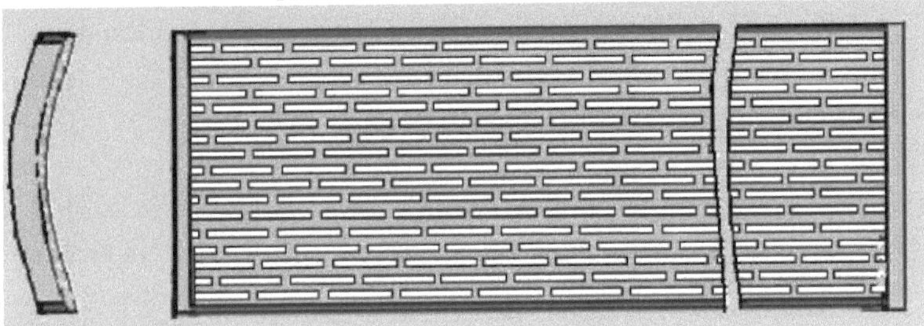

Fig.1.13 Malha perfurada do tambor secundário

As investigações efectuadas sobre o estudo da tecnologia existente de limpeza do algodão da seiva fina e o estudo do funcionamento das máquinas de limpeza do algodão com tambores de rasgar e limpar das construções acima referidas (velocidade do tambor V = 3,8 m/seg.) em combinação com redes de sub-tambor de diferentes tipos permitem estabelecer o seguinte

1) velocidade circunferencial óptima do tambor de limpeza e desprendimento 9:10 *m/s;*

2) a superfície limpa do crivo sob o tambor contribui para um efeito de limpeza consistente;

3) em todas as máquinas de limpeza de finos de algodão em funcionamento, há uma contra-rotação dos tambores adjacentes e verificam-se danos significativos no algodão (especialmente no processamento de fibras de baixa qualidade) devido à mudança abrupta de direção do movimento do algodão na secção de

limpeza seguinte no decurso do processo, o que tem um impacto negativo na qualidade e uma perda significativa do produto final, uma vez que, devido ao impacto, há fibras curtas nas impurezas libertadas.

4) Na máquina de limpeza de algodão, o processo de transporte do algodão é efectuado devido ao movimento unidirecional dos tambores cónicos, em que na zona entre dois tambores adjacentes, que se movem em direção um ao outro, as partículas de algodão são sujeitas a um impacto significativo dos tambores cónicos adjacentes.

5) Durante o transporte, a velocidade linear dos tambores de piquetagem é de $V1 = 9$ m/s e, durante o movimento de aproximação, a partícula de algodão sofre um impacto com uma velocidade de $v_2 = 18$ m/s (acrescenta-se a velocidade do tambor adjacente que se aproxima). Isto resulta em danos significativos nas fibras e nas sementes.

6) °Nas máquinas de limpeza de algodão fino, tanto as secções de limpeza horizontais como as inclinadas não funcionam de forma suficientemente eficiente, uma vez que o ângulo de contacto entre o tambor cónico e a superfície da malha em todas as concepções de máquinas não excede 120 .

1.3 Revisão da investigação sobre a limpeza do algodão de impurezas de ervas finas

Nas máquinas de limpeza de finos de algodão, o módulo de limpeza principal é constituído por um veículo com um design diferente de cabeça, que assegura o afrouxamento e o transporte do fluxo de algodão, e uma superfície de malha, através da qual é efectuado o processo de separação dos finos. Na prática, um conjunto destes módulos em diferentes variações de instalação forma o perfil geral da máquina de limpeza. Também nos módulos existem outros factores que contribuem para a separação eficaz das impurezas finas, tais como os fluxos de ar e a presença de lâminas, que têm um certo impacto no processo de limpeza do algodão das impurezas finas [7- p.31-32].

A fim de melhorar o processo de limpeza do algodão de pequenas impurezas de ervas daninhas, foram efectuados estudos teóricos por cientistas como Boltabaev S.D., Samanadarov S.A., Levkovich B.A., Jamalova M.M., Huseynov V.N., Tyutin P.N., Lugachev A.N., Sosnovsky Y.S., Sultanov A., Juraev A.J., Hakimov Sh.S., Madumarov I.D., R.I. Ruzmetov em várias direcções, tais como o estudo do impacto do impacto do impacto da cabeça das estacas do tambor no algodão transportado, parâmetros de força de interação, trajectórias de movimento das partículas de algodão nos tambores, estudos da capacidade de drenagem das superfícies das malhas e a influência dos regimes de temperatura nestes processos.

No domínio da limpeza do algodão das impurezas finas das ervas daninhas, os estudos experimentais basearam-se principalmente na otimização dos parâmetros tecnológicos da secção de limpeza, da zona de alimentação e na introdução de inovações técnicas para melhorar a eficiência do equipamento de limpeza. De acordo com os resultados das experiências, foram estudados e optimizados os modos de velocidade dos tambores de estacas-placas, os perfis dos cabeçotes, os intervalos e as divisões que proporcionam a eficiência do módulo e de toda a máquina. Nos seus trabalhos, os investigadores Sosnovsky Y.S. e Sultanov A. estudaram a possibilidade de utilizar o fluxo de ar forçado na zona de limpeza ao limpar o algodão de pequenas impurezas de ervas daninhas, mas estes trabalhos não tiveram continuidade devido à imperfeição dos projectos propostos.

Os estudos de M.M. Jamalov, V.N. Huseynov, P.N. Tyutin, A.E. Lugachev, A.H. Bobomatov são dedicados ao estudo da eficiência da utilização de superfícies de malha, onde se estudou a influência da alteração da orientação das células da malha na capacidade de colheita e se obtiveram resultados positivos, mas verificou-se uma diminuição acentuada da fiabilidade do funcionamento do equipamento devido ao abate das células da malha por material fibroso, bem como a influência das oscilações da superfície da malha na eficiência da limpeza do algodão de pequenas impurezas de ervas daninhas.

Segue-se uma análise da investigação levada a cabo por cientistas sobre várias direcções para melhorar a tecnologia e a conceção das máquinas de limpeza.

No trabalho de S.D. Boltabaev [8- p. 156] dedicado à melhoria do processo de limpeza das máquinas de colheita de algodão, conclui-se que a frequente re-lapachivaniya e reenvio de algodão entupido conduzem a uma forte ativação da seiva, complicam a limpeza e reduzem o rendimento e a qualidade da fibra.

Estudos efectuados por Budin E.F. [9 - p. 146] estabeleceram teórica e praticamente que, para reduzir os danos nas sementes durante a limpeza do algodão, a velocidade circunferencial dos tambores de serra não deve ser superior a 7 m/s.

G.I. Miroshnichenko [10, - p. 124], estudando as questões do aumento da eficiência dos aspiradores de pó fino, sugeriu que se avaliasse o trabalho das superfícies de malha pelo coeficiente de eficiência da secção "viva".

Musakhodzhaev Z.M. [11 - p. 11], ao analisar o trabalho das máquinas de limpeza de parafusos, constata desvantagens como a localização das estacas na extremidade da superfície do parafuso e no plano perpendicular ao eixo do parafuso há apenas uma estaca. Consequentemente, o algodão localizado neste plano é exposto a apenas uma estaca por cada volta do parafuso. Ao mesmo tempo, apenas uma pequena porção de algodão pode ser apanhada pelo espigão e lançada sobre o parafuso, e o resto do algodão move-se ao longo da calha sem ser sujeito a afrouxamento e nova limpeza, devido ao número insuficiente de espigões. Além disso, o limpador de parafuso tem um espaço entre as voltas do parafuso. Uma parte considerável do algodão encontra-se neste espaço, a parte mais próxima do eixo do parafuso não se solta e é transportada sem contacto com a superfície de crivagem, o que reduz o efeito de limpeza da máquina.

V.A.Bogomolov [12 - p.171], nos seus estudos, prova que a limpeza do algodão em serras de grelha e parafusos mais de duas vezes não é aconselhável, uma vez que uma certa redução do entupimento das fibras é sobreposta por um aumento dos defeitos tecnológicos.

a) como resultado de uma limpeza tripla do algodão em CHCH-3M, em comparação com uma limpeza dupla, o teor de seiva na fibra diminui 0,12% (abs.) e o número de defeitos tecnológicos aumenta 0,15%;

б) A limpeza múltipla do algodão contribui para o aumento do número de defeitos das fibras, que após a tripla limpeza com CHCH-3M quase duplica (7,2% contra 3,8% na limpeza inicial).

Observa-se um padrão semelhante para a limpeza múltipla de algodão em máquinas de limpeza de parafusos.

A.L. Sapon, na sua investigação [13 - p. 135], prova que o processo regulado de processamento primário de algodão, que desempenhou um papel positivo numa determinada fase, já se esgotou. As desvantagens inerentes ao processo regulado são: poeira do ar nas instalações, baixo grau de automatização, alteração dos fluxos por secção transversal e densidade, falta de possibilidade de regulação flexível da intensidade da limpeza, adicional, não relacionada com o processo de transformação primária do algodão, impacto mecânico no algodão, impossibilidade de implementar este processo em conjuntos de equipamento.

Abduazimov Sh.H. [14 - p.135], a fim de revelar o mecanismo de limpeza do algodão de pequenas impurezas de ervas daninhas, desenvolveu modelos dinâmicos e matemáticos de interação de impacto de partículas de algodão com corpos de trabalho. Foram obtidos modelos matemáticos do movimento de uma partícula de algodão com uma partícula de erva daninha, transportada por uma estaca, ao longo da superfície de crivagem.

Lugachev A.E. [15 - p.99], estudando o trabalho do limpador de sorgo fino 1HK, chegou à conclusão de que, ao movimentar o algodão entre tambores de estacas adjacentes, em determinadas condições, há um precedente de desorganização excessiva do espaço operacional na zona de "receção-transmissão" do algodão nos tambores para as guias e limitará a manobrabilidade no transporte de partículas de algodão na área de trabalho do limpador, o que, por sua vez, causará uma diminuição da fiabilidade tecnológica do sistema.

Bobomatov A.Kh. [25 - p.115] com base na solução numérica do problema das oscilações de uma placa elástica com perturbação constante do algodão, são determinadas as leis das oscilações de uma placa elástica. As equações do movimento oscilatório da placa elástica da superfície da malha em diferentes modos de impacto do algodão são obtidas.

Nos estudos de I.D.Madumarov [17 - p.181 foi determinado que a quantidade de impurezas activas de ervas daninhas na composição do algodão da amostra selecionada do bunt é de 0,28%, após o primeiro e segundo tambores de secagem a quantidade de seiva ativa do algodão aumenta para 0,5%, e após a primeira e segunda linha da unidade de limpeza UCC diminui para 0,15%.

Propõe-se o modelo do processo de separação das impurezas de ervas daninhas da composição de duas ou mais fibras interconectadas elasticamente. O autor estabeleceu que, para aumentar a eficiência do processo de limpeza e preservar as propriedades naturais originais da fibra, os valores óptimos da temperatura da fibra são 45-50 oc e a humidade da fibra 5,5 6,0%.

Nos estudos acima mencionados, este elemento dos produtos de limpeza da seiva fina não encontrou desenvolvimento suficiente e, na nossa opinião, um estudo mais aprofundado desta questão é de particular importância para a criação de uma tecnologia de poupança de recursos e energia para a limpeza do algodão a partir da seiva fina.

D.A. Usmanov [18] desenvolveu um protótipo (produção) de uma máquina de limpeza de quatro tambores para limpar o algodão de pequenas impurezas de ervas daninhas. O seu esquema tecnológico é apresentado na Fig. 1.14.

A máquina de limpeza inclui um eixo 1, rolos de alimentação 2, tambores de estacas 3 e superfícies de crivagem 4 situadas por baixo destes, com dois bolsos 5 e espigões 6 cada, um sem-fim de infestantes 8 e uma calha 7 para descarregar o algodão das máquinas.

O algodão que sai do eixo de alimentação é apanhado por um par de rolos de alimentação e é transferido para o tambor de piquetagem, que o atira para os bolsos, e depois, ao bater no algodão que cai, é arrastado ao longo da superfície da malha 4 e contribui para a separação da cama. O algodão é atirado para o segundo tambor de piquetagem e, da mesma forma que passa pelos outros tambores, sai da máquina através do tabuleiro 9. As ervas daninhas separadas na parte inferior dos tambores caem nos sem-fins 8, e na parte superior são removidas da máquina para o sistema de aspiração através da aspiração forçada 10.

Devido ao facto de o aspirador desta conceção utilizar dois motores eléctricos AO-2-42-4 de 4,5 kW de potência com 970 rpm para o acionamento, consome muita energia em relação aos aspiradores de pó fino operacionais de grau 1HK e é de difícil manutenção.

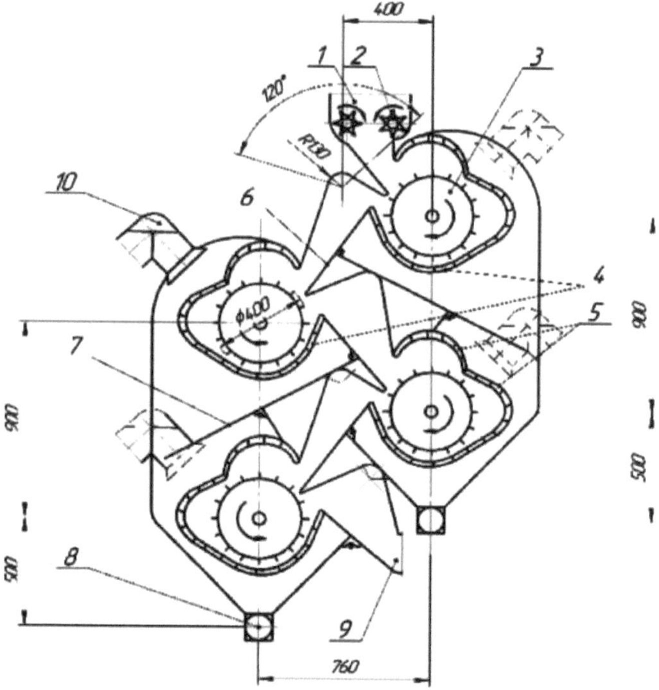

Fig. 1.14 Limpador de algodão de quatro barris para a remoção de pequenas ervas daninhas

ESTUDO TEÓRICO DA TECNOLOGIA DE LIMPEZA DO ALGODÃO A PARTIR DE PEQUENAS IMPUREZAS DE ERVAS DANINHAS

2.1 Cálculo dos efeitos da força sobre o volante de algodão na tecnologia do método horizontal de limpeza de resíduos finos

Como é sabido, a limpeza do algodão é efectuada em máquinas de limpeza de seiva fina e grossa, que são compostas numa determinada sequência. As questões da teoria da influência do fluxo de ar na eficiência da limpeza do algodão da seiva fina e do movimento da mosca do algodão na superfície de descaroçamento, a influência do coeficiente de fricção do algodão na superfície de descaroçamento, bem como os estudos do ventilador de dispersão de partículas de algodão no método de passagem direta de transferência de material são considerados em pormenor nos trabalhos do Professor A.E. Lugachev [15].

Para os problemas de melhoria do processo de limpeza da seiva fina e de aumento do ângulo de circunferência do tambor de placa cónica com uma superfície de malha é dedicado o trabalho do investigador A.H.Bobamatov, que desenvolveu um projeto de unidade de limpeza de algodão com circunferência do tambor com uma superfície de malha de dois bolsos em 2500 (Fig.2.1).

Nesta conceção modernizada, o algodão a limpar é limpo pelo tambor de estacas e ripas, que captura o algodão com as estacas e o arrasta ao longo da superfície da malha com placas curvas montadas elasticamente, o que permite uma separação intensiva das pequenas impurezas das ervas daninhas. As placas curvas montadas elasticamente são feitas de aço 65G, ao mesmo tempo que, para aumentar o efeito de limpeza, estão localizadas ao longo de todo o comprimento de trabalho da superfície da malha, e a folga é definida de modo a que a semente de algodão passe livremente entre as estacas e a superfície da malha equipada com placas elásticas curvas. Durante o processo de limpeza do algodão, as placas elásticas curvas permitem dar ao algodão a limpar um movimento dinâmico, no qual as pequenas ervas daninhas são libertadas de forma mais intensa. A vibração permite que o algodão seja limpo de forma mais intensa para libertar impurezas finas [19 - p.233].

No entanto, devido à complexidade do projeto e à presença de situações frequentes no fundo do poço, esta solução técnica não encontrou mais aplicação.

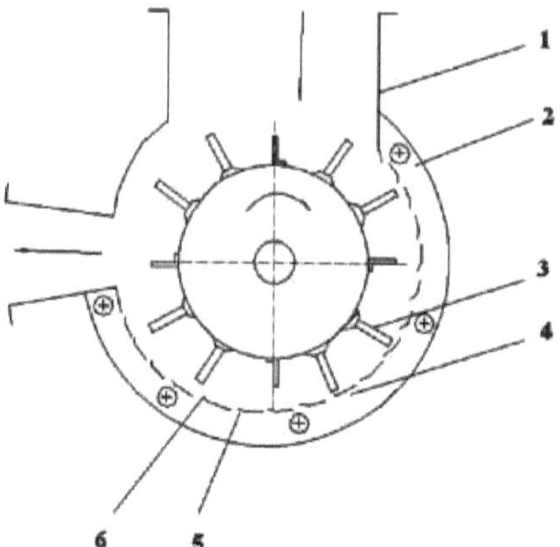

Fig.2.1 Limpador de material fibroso

1-caixa; 2-tambor de roldana; 3-roldana; 4-zona de roldana;
5-elemento elástico; 6-furos.

Estudos neste sentido, realizados nos Estados Unidos da América [20-27], mostraram que foram conduzidos principalmente em direcções como a criação de tecnologias com um aumento da multiplicidade de limpeza, com desenvolvimentos inovadores para melhorar os corpos de trabalho dos limpadores de seiva fina, a ampla introdução da automatização do controlo do processo, o estudo teórico e prático da influência do ar quente nos processos de limpeza do algodão.

A análise dos estudos acima referidos mostra que o processo de limpeza eficaz do algodão de impurezas de ervas finas é muito complexo e que há uma série de aspectos neste sentido que requerem mais investigação teórica.

A descrição teórica do mecanismo de separação das impurezas finas de ervas daninhas do material fibroso é morosa, uma vez que não há possibilidade de determinar com precisão a força de adesão das impurezas de ervas daninhas ao material fibroso nas suas várias camadas. Além disso, as questões da trajetória do algodão e das impurezas de ervas daninhas durante a limpeza não são suficientemente estudadas, e não foram criados modelos aplicados que descrevam métodos eficazes de limpeza do algodão de pequenas impurezas de ervas daninhas. Na nossa opinião, é relevante uma investigação teórica mais aprofundada nestas direcções.

ºNas máquinas de limpeza 1XK, as secções de limpeza são ineficientes porque o ângulo de contacto operacional entre o tambor cónico e a superfície da malha é de 100 (Fig.2.1.2 a).

Além disso, na área em que o algodão é transportado de um tambor para o seguinte, há danos consideráveis no algodão (especialmente no caso de qualidades baixas) devido à mudança abrupta de direção do algodão na secção de limpeza seguinte do processo.

Para maximizar a taxa de utilização da superfície da malha, foi desenvolvida uma unidade de trabalho vertical da máquina de limpeza de sorgo fino, que funciona segundo o princípio da limpeza vertical do algodão, com um movimento sequencial do fluxo de algodão sem contra-ataques (Fig. 2.2 b).

28- c.64-65]. Nos ensaios laboratoriais do limpador, o comprimento da parte de trabalho do tambor cónico era de 300 mm. As peças rotativas foram montadas em veios cantilever. As superfícies da malha e outros elementos foram fixados no corpo da unidade de laboratório.

Para observação visual do processo de limpeza do algodão, a parte da frente da unidade laboratorial está coberta com vidro orgânico transparente, o que permite a gravação em vídeo do processo de limpeza do algodão. °Quando a unidade experimental foi montada, o arco de circunferência da superfície da malha do tambor cónico atingiu um valor máximo de 210 (Fig.2.3).

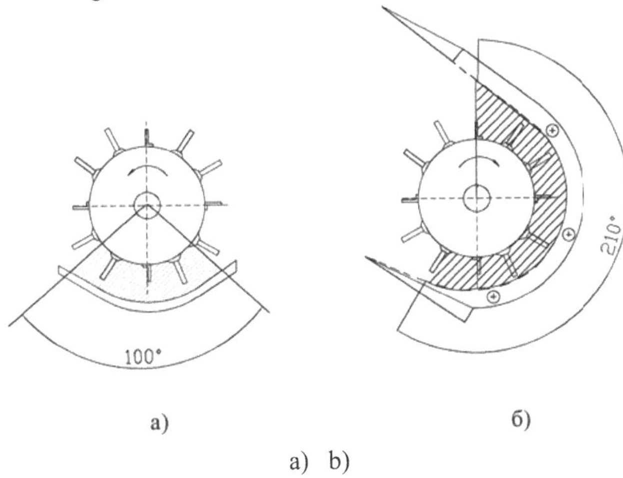

a) b)

Fig.2.2 Diagrama esquemático da construção do tambor cónico e da superfície da malha nas concepções existentes dos aspiradores CCS a) e na proposta b)

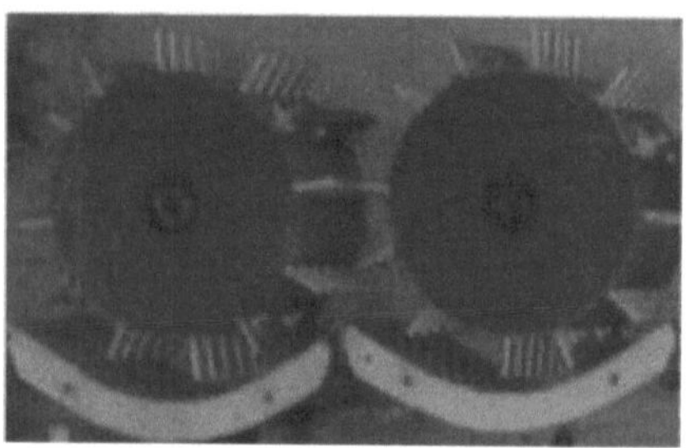

Fig.2.3 Desenhos do tambor de estaca e da superfície da malha nos modelos existentes de limpa-cabos UCC a) e no proposto b)

Para estudar a influência das forças na zona "tambor de estaca - fardo - superfície da malha" nos indicadores qualitativos naturais do algodão processado durante o movimento horizontal do algodão limpo, efectuámos os seguintes cálculos. Durante a rotação do tambor da estaca, o fardo de algodão desloca-se ao longo da superfície da malha, o que resulta numa força centrífuga [29 - p. 60-63].

A força de fricção da mosca contra a superfície da malha está na direção oposta à rotação da caixa.

A velocidade de rotação do tambor cónico é de 450 rpm. $= 420= 200$ $l = 50$ $m = 6$ г [30 - A distância entre os dois tambores é de d mm, o raio do tambor é de R mm, a altura da grelha é de mm e o peso de um volante é aceite. c.69-74, 31 – c/74-78].

De acordo com a segunda lei de Newton, a aceleração resultante da mosca é diretamente proporcional à força aplicada e inversamente proporcional à sua massa $F = ma$ [F] =кг·м/с².

Assumimos que a mosca na superfície da malha se move uniformemente e, em seguida, determinamos as forças que actuam sobre ela (Fig. 2.4).
="6"Calculamos a força que actua sobre o volante de massa m g a partir do lado do tambor cónico de raio R [32 - p. 10742 - 10747].
"Para efetuar os cálculos, designamos a frequência de rotação dos tambores cónicos por v, o raio do tambor R, a velocidade linear do tambor cónico, que é determinada pela seguinte fórmula.

$$\upsilon = 2\pi v R \tag{2.1.1}$$

Sabe-se que a frequência de rotação da tarola é igual a:

$$v = 420 об/мин = 420 об/мин = 7,0 об/мин \tag{2.2.2}$$

A partir daqui, encontramos a velocidade linear de rotação da caixa

$$\upsilon = 2 \cdot 3,14 \cdot 7,0 \cdot 0,20 = 8,792 \text{ м/с} \qquad\qquad (2.2.3)$$

Um fardo de algodão de massa m é sujeito a uma força do lado do tambor cónico e a uma força de atrito entre o fardo e a superfície da malha.

Determinar a força que actua sobre o algodão a partir do lado do tambor de recolha, utilizando a seguinte fórmula:

$$F_1 = ma - F_{ish} = ma - \mu mg = m(a - \mu g) = m(\upsilon^2 / R - \mu g) =$$
$$= 6 \cdot 10^{-2}(81/0,20 - 0,25 \cdot 9,8) = 2,4H \qquad\qquad (2.2.4)$$

aqui:

e - coeficiente de atrito do algodão contra a superfície de aço ;

m - massa de cinzas volantes de algodão,

g é a aceleração da queda livre

a - aceleração do voo do algodão.

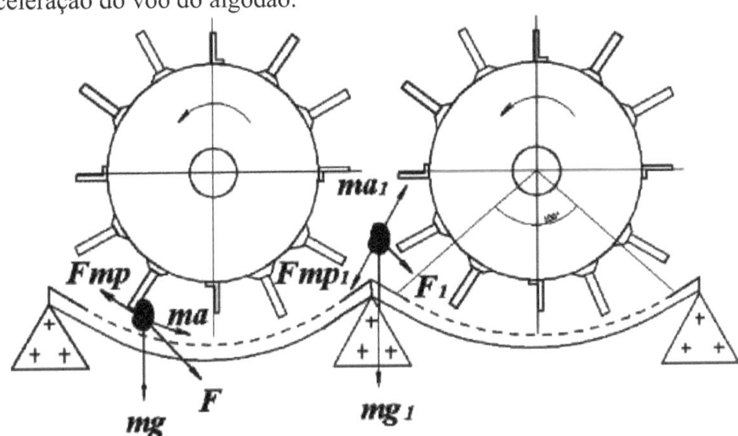

Fig. 2.4 Diagrama esquemático das forças que actuam sobre um folheto de algodão durante a limpeza de impurezas finas de ervas daninhas.

Após o primeiro tambor, a bola de algodão voa para o segundo tambor, que tem um movimento unidirecional. No movimento contrário do segundo tambor, a bola de algodão, ao bater nele, recebe os seguintes efeitos de força: mg - força da gravidade, $_{Fl}$ F - força que actua do lado do segundo tambor cónico, igual em magnitude à força do primeiro tambor [40 - p.233].

Após o primeiro tambor, a bola de algodão voa para o segundo tambor, que tem um movimento unidirecional. Durante o movimento contrário do segundo tambor, a bola de algodão, ao bater no segundo tambor, recebe as seguintes forças: $mg = mg$- força da gravidade, $F = F1$- força que actua do lado do segundo tambor cónico, igual em magnitude à força do primeiro tambor.

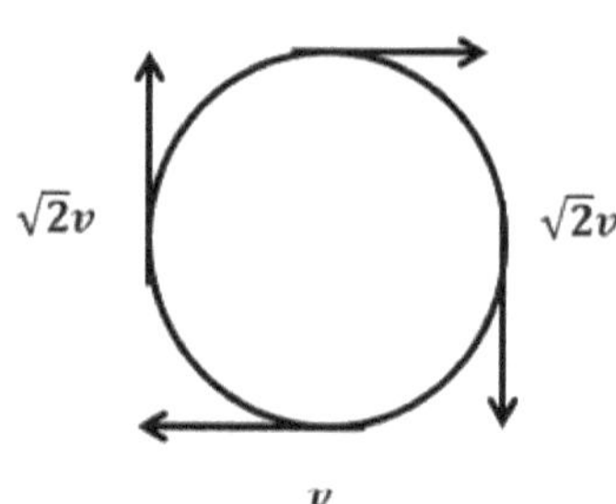

Sabe-se que num tambor rotativo a distribuição da velocidade é diferente (diagrama). De acordo com esta distribuição, após a mosca voar do primeiro tambor no ponto de contacto com o segundo tambor, a velocidade de rotação do tambor cónico é igual a $\upsilon = \sqrt{2v}$.

1) $^{1/4}$na parte do tambor rotativo: $\upsilon = \sqrt{2v}$

2) $^{1/2}$na parte do tambor rotativo: $\upsilon = v$

3) $^{3/4}$na parte do tambor rotativo: $\upsilon = \sqrt{2v}$

4) à rotação completa do tambor rotativo: $\upsilon = v$

No segundo tambor, as forças que actuam sobre a mosca serão iguais.

$$F_1 = ma_1 + mg_1 \qquad\qquad (2.2.5)$$

Como o valor de $mg1$ é pequeno, a solução para esta equação é:

$$F_1 = ma_1 = m \cdot \frac{\vartheta_1}{R} = \frac{2m\vartheta_1^2}{R} = \frac{6 \cdot 10^{-3} \cdot 2 \cdot 81}{0,2} = 4,8 \quad H \qquad (2.2.6)$$

Os resultados obtidos mostram que uma única mosca de algodão, durante a sua limpeza de pequenas impurezas de ervas daninhas durante o seu movimento de um tambor de recolha para outro, é sujeita a uma força total de 7,2 N. O impacto repetido desta força leva a elevados danos mecânicos nas sementes e à formação de fibras curtas, que são removidas da máquina juntamente com as ervas daninhas [33 - p. 34-3]. O impacto múltiplo desta força leva a danos mecânicos elevados nas sementes e à formação de fibras curtas, que são removidas da máquina juntamente com as impurezas das ervas daninhas para os resíduos [33 - p. 34-37].

Estudos efectuados pelos cientistas americanos Patil.P.G., Anap G.R., Arude V.G. e Carlos B. Armijo, Kevin D. Baker, Sidney E. Hughs, Edward M. Barnes, Va Marvis N.

Os autores de estudos sobre o algodão, que confirmam os nossos resultados, provam que o número de influências mecânicas no algodão prejudica significativamente os seus indicadores qualitativos naturais. Além disso, para atingir estes objectivos, concluem que é necessário reduzir ao mínimo o número de tambores de estaca nos limpadores de algodão de pequenas impurezas de ervas daninhas, melhorando os conjuntos e a disposição das máquinas [34, 35-p.158-165].

Os cálculos mostram que a tecnologia existente de limpeza do algodão de pequenas impurezas de ervas daninhas é ineficaz e, em certa medida, afecta negativamente os indicadores qualitativos naturais do algodão transformado.

De acordo com os resultados obtidos no algodão volante, ao limpá-lo nas máquinas de limpeza de sorgo fino, ao passar de um para o segundo tambor actua uma força igual a 7,2 N.

Por sua vez, este fator é a causa dos resíduos fibrosos, o que nos permite concluir que é necessário modernizar a disposição horizontal das unidades de limpeza com uma transição para a tecnologia vertical de limpeza do algodão.

2.2 Cálculo dos efeitos de força sobre o volante de algodão na tecnologia de limpeza vertical de finos

Nas fábricas de descaroçamento de algodão e nos aglomerados têxteis de algodão, atualmente, para a limpeza do algodão de pequenas impurezas de ervas daninhas, são utilizados limpadores de oito tambores em série de marcas СЧ-02, 1ХК e blocos de estacas de marca EH.178 num conjunto de linha de fluxo UHK, desenvolvido no final dos anos 80 do século passado.

O autor propõe-se modernizar este equipamento, nomeadamente, em coautoria, desenvolveu uma variante de limpeza vertical do algodão de seiva fina, que permite, através de movimentos sucessivos dos tambores de piquetagem, aumentar o arco da superfície da malha, aumentando assim significativamente o efeito de limpeza da máquina [36 -p.31-35].

Para estudar o carácter do movimento das cinzas volantes de algodão na secção de limpeza do algodão de impurezas finas de ervas daninhas, efectuamos uma série de cálculos teóricos. Assumimos que, devido às pequenas distâncias entre o tambor de recolha e a parede oposta da superfície da malha, a velocidade é um valor constante e varia de forma insignificante.

Após o impacto, a mosca perde a sua velocidade e cai no segundo tambor sob a ação da sua gravidade, mudando assim a posição da mosca na composição do fluxo, pois ao voar do primeiro tambor cónico para o segundo tambor, muda o lado limpo, para o lado oposto (Fig.2.5). °Ao atingir a superfície da malha do segundo tambor, que na versão primária era feita em um ângulo de 30 em relação ao eixo horizontal do primeiro tambor cônico (Fig.2.6 a), parte do fluxo de algodão retorna. Isto acontece porque, depois de bater na superfície da malha, o fluxo de algodão cai para a esquerda do centro do tambor de agulhas e a fila de agulhas que entra, capturando o algodão que entra, não tem tempo para arrastar completamente toda a massa de algodão para a zona de limpeza. °Para eliminar este fenómeno negativo, escolhemos um ângulo de inclinação da superfície da malha em relação ao eixo horizontal do primeiro tambor de piquetagem igual a 45 (Fig. 2.6 b).

Estes parâmetros de ângulo de malha praticamente eliminaram a quantidade de algodão que era reciclado durante o processamento.

A continuação da investigação para melhorar a forma e os parâmetros da superfície da malha permitirá eliminar completamente este fenómeno negativo. No esquema da máquina de limpeza vertical com quatro tambores de piquetagem, a sua frequência de rotação de cima para baixo, começando no primeiro, passou de 390 rpm para 420 rpm. Este facto permitiu eliminar situações de atolamento, proporcionou um transporte uniforme e ininterrupto do algodão nos tambores de piquetagem e reduziu significativamente a quantidade de algodão que regressa aos tambores de piquetagem anteriores (Fig. 2.7, 2.8).

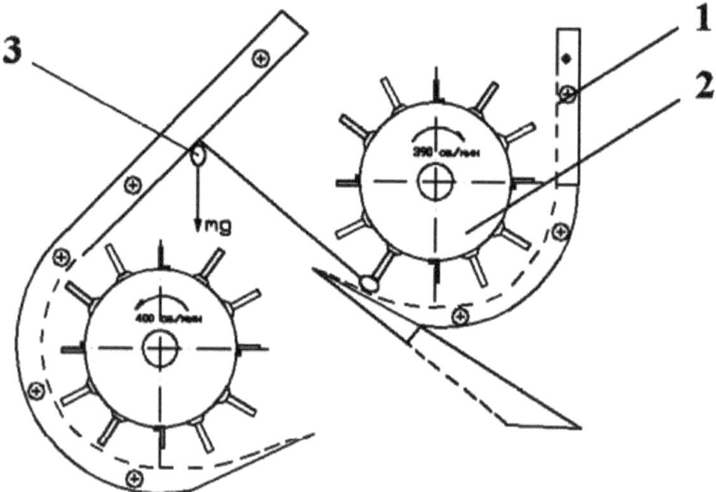

Fig 2.5 Trajetória da mosca de algodão entre os tambores cónicos do aspirador durante a limpeza da folhada fina

1. Superfície da malha; 2. Tambor de estaca; 3. Folha única na composição do fluxo de algodão

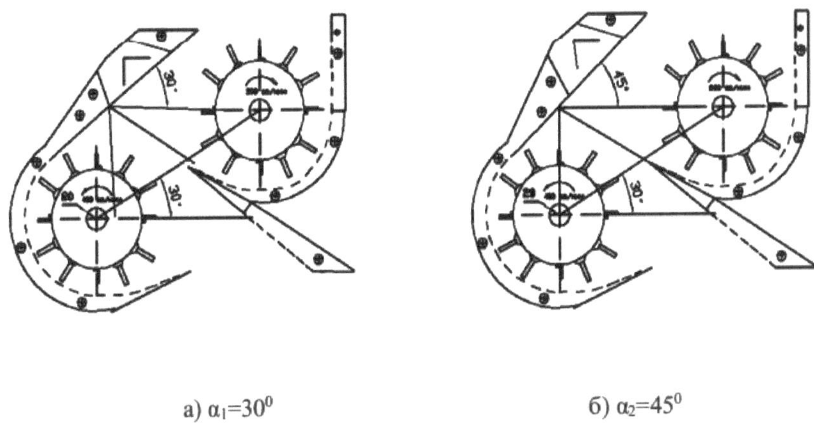

a) $\alpha_1=30^0$ б) $\alpha_2=45^0$

Fig.2.6 Esquema da alteração do ângulo de inclinação em relação ao eixo horizontal do primeiro
tambor de estacas
e da superfície de algodão que cai no segundo tambor de estacas

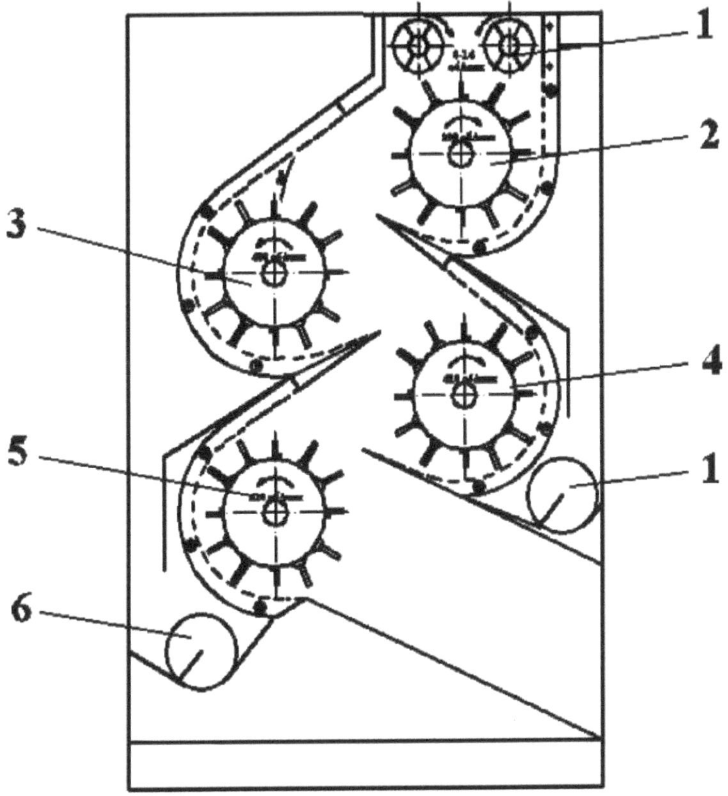

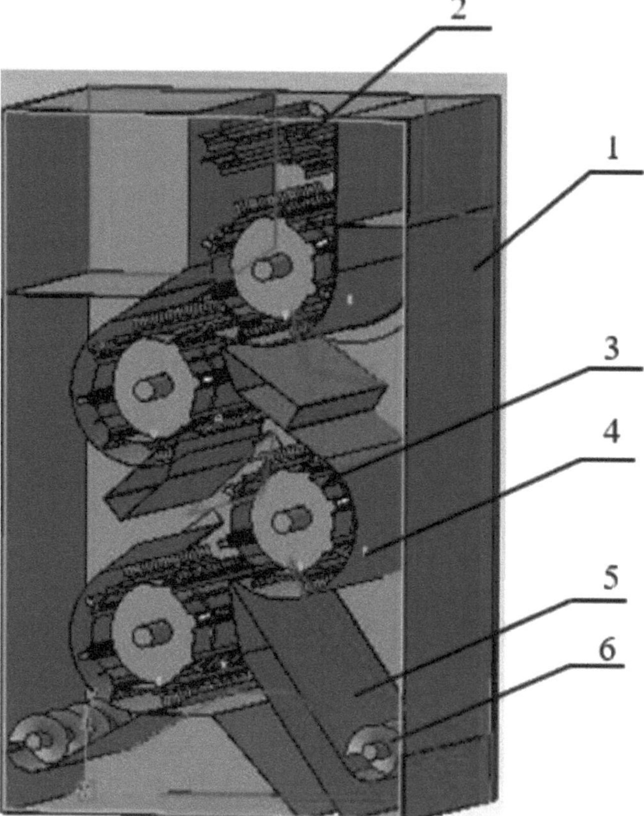

**Fig. 2.8 Esquema tridimensional de uma máquina de limpeza de relva fina
vertical de quatro tambores**

1 - carcaça; 2 - rolos de alimentação 3 - tambores de alimentação; 4- superfície
da rede; 5 - guia; 6. Sem-fins de moagem.

Outra caraterística construtiva da máquina de limpeza vertical de algodão é o
ângulo de circunferência da superfície da malha do tambor cónico. $_{\partial}^{o}{}_{\partial}^{o}$Se este
índice na disposição horizontal não excede o valor $a = 100$, na máquina de
limpeza vertical modernizada este índice aumentou até $a = 210$, ou seja, mais de

2,1 vezes a área útil das superfícies de rede das máquinas de limpeza em série de impurezas finas 1HK. Se na tecnologia horizontal de limpeza do algodão de impurezas de ervas finas o coeficiente de eficiência da secção "viva" não excede o valor $^\wedge$=0,25$^\wedge$0,30, na variante proposta $^\wedge$= 0,58$^\wedge$0,60.

A fase seguinte dos cálculos consistiu em calcular a força de impacto da mosca do algodão contra a parede da superfície da rede, depois de ter saído dos tambores de estacas de uma máquina de limpeza vertical constituída por quatro tambores de estacas.

Depois de o fardo de algodão entrar na zona de limpeza das ervas daninhas de mecklich, é sujeito às seguintes forças: a força centrífuga F-z, a força de fricção *Etr* e a força de gravidade P *do* lado das estacas do tambor de piquetagem (Fig. 2.9).

A velocidade de rotação dos tambores descascadores é diferente para cada um dos quatro tambores descascadores, começando pelo topo do descascador, com 390,400,410,420 rpm, respetivamente.

$_3$*v1* - 390 *rotações/minuto;* *v2* - 400 *rotações/minuto;* *v* - 410 *rotações/minuto;* *v4* - 420 *rotações/minuto* (2.2.1)

[400200506]A distância entre os eixos dos tambores é d = mm, o raio do tambor com uma superfície de malha R = mm, o comprimento das estacas é l = mm, a massa média de uma mosca de algodão é igual a m = g.

[=V]Para determinar as forças que actuam na fibra de algodão, calculamos a velocidade linear de cada tambor de agulhas utilizando a fórmula $\circ$ $2^\wedge R$ (2.2.2)

R-raio do tambor de corte, v-frequência de rotação do tambor de corte, n=3,14. Além disso, determinamos o valor das forças que actuam sobre o algodão quando este é limpo de pequenas impurezas de ervas daninhas com a tecnologia de limpeza vertical em cada tambor de corte.

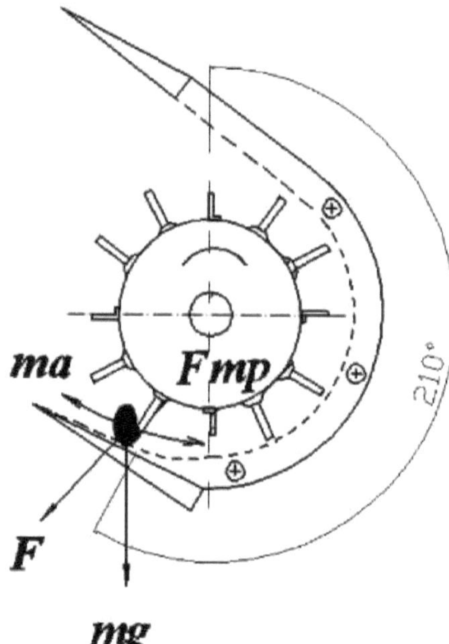

Fig.2.9 Esquema das forças que actuam sobre o volante de algodão na vertical

regime de limpeza do algodão

Efectuamos os cálculos para o primeiro tambor de sino:

$$v_1 = 390 o6 / \text{мин} = 6,5 o6 / \text{сек} \tag{2.2.3}$$

$$\upsilon_1 = 2\pi R v_1 = 2*3,14*2,0*6,5 = 8,98 \text{м/сек} \tag{2.2.4}$$

$$F_1 = ma - F_{pa6} = m(a - \mu g) = m(\frac{\upsilon_1^2}{R} - \mu g) = 6*10^{-3}((\frac{8,98^2}{0,20}) - 0,25*9,8) = 2,2N \tag{2.2.5}$$

$\mu = 0.25 -$ Este é o coeficiente de atrito do algodão na superfície de aço; m é a massa da mosca de algodão, $g = 9,8$ m / s aceleração da queda livre, a-*aceleração da* mosca de algodão. $F_1 = 2,2N$;De acordo com os cálculos efectuados após o primeiro tambor de estacas, a força exercida sobre o fardo de algodão afecta a força , com a qual o fardo atinge a parede de malha do segundo tambor de estacas com uma velocidade linear $o = 6,5$ m / s. Quando o fardo de algodão cai com o seu próprio peso no segundo tambor de estaca, a seguinte força actua sobre ele a partir do lado deste tambor de estaca:

$$v_2 = 400 об/мин = 6{,}67 об/сек \qquad (2.2.6)$$

$$\upsilon_2 = 2\pi R v_2 = 2*3{,}14*2{,}2*6{,}67 = 9{,}21 м/сек \qquad (2.2.7)$$

$$F_2 = m\left(\frac{\upsilon_2^2}{R} - \mu g\right) = 6*10^{-3}\left(\left(\frac{9{,}21^2}{0{,}20}\right) - 0{,}25*9{,}8\right) = 2{,}3N \qquad (2.2.8)$$

Quando uma mosca de algodão cai com o seu próprio peso na terceira tarola, a seguinte força actua sobre ela a partir do lado dessa tarola:

$$v_3 = 410 об/мин = 6{,}83 об/сек \qquad (2.2.9)$$

$$\upsilon_3 = 2\pi R v_3 = 2*3{,}14*2{,}2*6{,}83 = 9{,}44 м/сек \qquad (2.2.10)$$

$$F_3 = m\left(\frac{\upsilon_3^2}{R} - \mu g\right) = 6*10^{-3}\left(\left(\frac{9{,}44^2}{0{,}20}\right) - 0{,}25*9{,}8\right) = 2{,}4N \qquad (2.2.11)$$

Quando uma mosca de algodão cai com o seu próprio peso na quarta tarola, a seguinte força actua sobre ela a partir do lado dessa tarola:

$$v_4 = 420 об/мин = 7{,}0 об/сек \qquad (2.2.11)$$

$$\upsilon_4 = 2\pi R v_4 = 2*3{,}14*2{,}2*7{,}0 = 9{,}67 м/сек \qquad (2.2.12)$$

$$F_4 = m\left(\frac{\upsilon_4^2}{R} - \mu g\right) = 6*10^{-3}\left(\left(\frac{9{,}67}{0{,}20}\right) - 0{,}25*9{,}8\right) = 2{,}5N \qquad (2.2.13)_7$$

Os resultados obtidos revelaram que, na tecnologia vertical de limpeza do algodão de pequenas impurezas de ervas daninhas, o valor dos impactos é muito menor do que na tecnologia horizontal de limpeza e praticamente não afecta os indicadores qualitativos naturais do algodão processado.

Determinou-se que, na tecnologia horizontal de limpeza do algodão de pequenas impurezas de ervas daninhas, o coeficiente de eficiência da secção "viva" não excede o valor g|=(),25 : 0,30, enquanto na tecnologia vertical de limpeza este índice é ^= 0,58^0,60, o que constitui a principal razão para a melhoria da limpeza do algodão de pequenas impurezas de ervas daninhas.

234No conjunto do limpador vertical de algodão de impurezas de ervas daninhas finas no número de quatro tambores de estaca, as forças atuantes na mosca de algodão e a frequência de rotação dos tambores de estaca aumentam na seguinte sequência *F1* <*F2* <*F3* <*F4* e v1 < v < v < v , que é a razão para a tecnologia vertical altamente eficiente de limpeza de algodão de impurezas de ervas daninhas finas.

Quando se limpa o algodão de ervas finas com a tecnologia de limpeza horizontal existente, a velocidade de rotação dos tambores de estacaria é de 9 m/s.

Na tecnologia vertical de limpeza do algodão, existe a possibilidade de aumentar a velocidade de rotação dos tambores de agulhas até ao valor de 9,67 m/s. Isto deve-se ao facto de não existirem impactos de contra-impacto dos tambores de piquetagem, presentes na tecnologia horizontal de limpeza do algodão, que afectam negativamente os indicadores de qualidade natural do algodão processado.

Devido à ausência de contra-impacto no algodão processado, as cargas nos motores eléctricos foram significativamente reduzidas, de modo que, em vez da potência total na tecnologia horizontal de limpeza do algodão de ervas daninhas finas $W = 11$ kWh, na tecnologia vertical de limpeza de ervas daninhas finas foi $W = 6$ kWh.

2.3 Modelação da separação de impurezas finas de ervas daninhas do do fluxo de algodão na limpeza vertical

Como resultado da sua investigação, os autores desenvolveram uma máquina de limpeza vertical de algodão a partir de pequenas impurezas de ervas daninhas [37 - p. 81-86]. Na secção de limpeza de pequenas impurezas de ervas daninhas, os tambores de piquetagem estão localizados paralela e verticalmente ao eixo horizontal, enquanto o algodão limpo se move sequencialmente de um tambor para outro. A superfície da malha é feita de tal forma que abraça o tambor de piquetagem num ângulo superior a 1800 e o número de estacas do tambor está muito mais envolvido no processo de limpeza, pelo que o coeficiente de fricção do algodão limpo na superfície da malha aumenta significativamente e, consequentemente, é obtido um aumento do efeito de limpeza. Nas máquinas de limpeza de folhagem fina existentes e em funcionamento, o ângulo da circunferência do tambor de estacas com a superfície da malha não excede 1000 (Fig. 2.10).

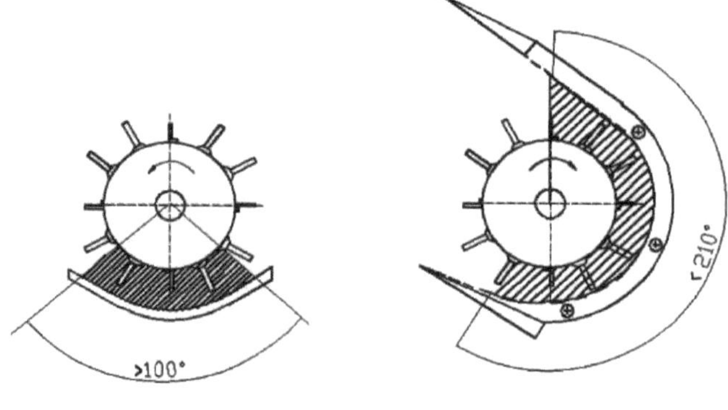

a) б)

Fig.2.10 Principais

órgãos de trabalho actuais (a) e propostos (b)
dos purificadores de escórias finas

Para estudar a influência do coeficiente de atrito dos principais corpos de trabalho na eficácia da limpeza do algodão de impurezas finas de ervas daninhas com a ajuda de programas de aplicação, efectuámos os seguintes estudos teóricos.

Assumimos que o fluxo de algodão se desloca ao longo da superfície da malha ao longo do arco AB e que, em resultado do impacto das estacas do tambor de agulhas, as impurezas finas das ervas daninhas são extraídas.

Como resultado do movimento de rotação do primeiro tambor de estaca, o fluxo de algodão é alimentado ao segundo tambor de estaca ao longo do arco BC.

Neste intervalo, a separação das impurezas das ervas daninhas não é efectuada e a densidade do fluxo de algodão altera-se. Sob o impacto do segundo tambor de espigas e alterando a posição do fluxo em movimento, há uma separação das impurezas das ervas daninhas do lado inverso (superfície) do fluxo, ou seja, quando o fluxo de algodão com a ajuda do primeiro tambor de espigas na superfície da grelha há uma separação de menos ervas daninhas, como o fluxo de algodão se aproxima do primeiro tambor num estado menos inchado do que o segundo tambor, quando o fluxo de algodão passa pelo segundo tambor, há uma libertação mais intensa de impurezas de ervas daninhas, uma vez que o fluxo de algodão é limpo num estado mais inchado e a parte de trás do fluxo de algodão também é limpa. O esquema do estado estacionário deste processo é apresentado na Fig. 2.11.

Os parâmetros do fluxo de algodão, tais como a velocidade, a densidade e a pressão do fluxo, são designados por v, p e p, respetivamente, e o número de estacas do tambor de agulhas é designado por - n.

Quando a superfície da malha, as estacas da tarola e o algodão interagem, a pressão p actua sobre o algodão a partir do lado das estacas.

Nesse caso, para o elemento de fluxo de algodão $s=Ra$ que se move ao longo da superfície da malha, a equação de Euler pode ser apresentada na forma seguinte:

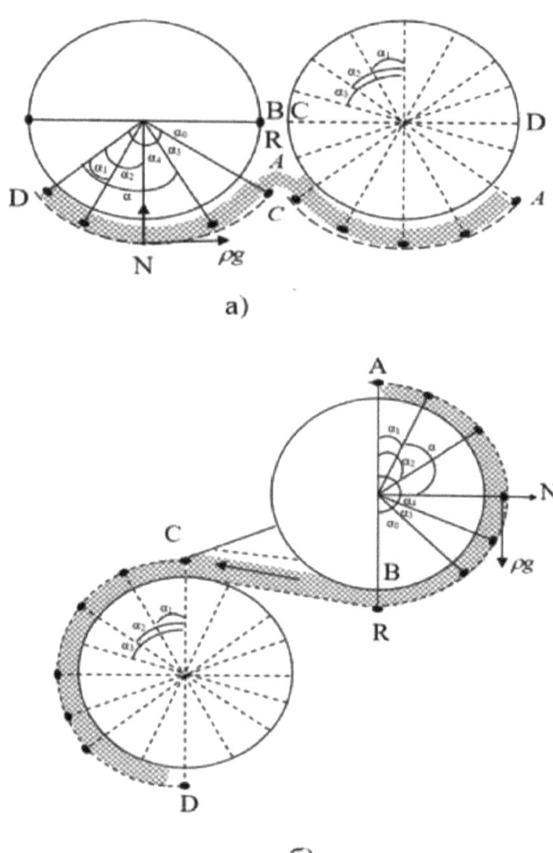

Fig.2.11 Esquema do movimento do algodão ao longo da superfície da malha e do tambor da estaca de algodão nas concepções existente (a) e proposta (b).

$$v\rho\frac{dv}{d\alpha} = -\frac{dp}{d\alpha} + \rho g R \sin\alpha - RNf \qquad (2.4.1)$$

Aqui α é o ângulo do pólo, R- raio da estaca, $\alpha i = si/R$- ângulo do pólo da *i-ésima* estaca inscrita *f*- coeficiente de atrito entre a superfície da malha e o fluxo de algodão, N- força normal gerada pela superfície da malha é determinada pela seguinte fórmula:

$$N = \rho\frac{v^2}{R} + pg\cos\alpha \qquad (2.4.2)$$

O valor da força normal (2.4.2) na expressão (2.4.1), temos:

$$v\rho\frac{dv}{d\varepsilon} = -\frac{dp}{d\alpha} + \rho g R(\sin\alpha + f\cos\alpha) - \rho v^2 f / R \qquad (2.4.3)$$

Para completar a equação (2.4.3), adoptamos as seguintes condições adicionais.

1. Deve existir uma relação entre a pressão e a densidade, ou seja, são necessárias equações que reflictam este estado. Nesta equação dependente do trabalho, a relação entre a densidade e a pressão num meio estacionário será adequadamente reflectida como uma relação linear [48].

$$\rho = \rho_0[1 + A(p - p_0)] \qquad (2.4.4)$$

ρ_0, p_0 - Aqui está o estado de densidade e pressão do fluxo de algodão antes de entrar na zona de limpeza, A é um coeficiente determinado experimentalmente, que é o inverso do módulo de compressão a granel do algodão K. Assume-se que a equação (2.4.4) é adequada para todas as zonas de fluxo de algodão. 2. A segunda condição é que a massa do fluxo de algodão seja constante após uma unidade de tempo e esta condição reflecte a lei da conservação da massa.

$$Q_0 = \rho_0 v_0 h_0 L = \rho v h L \qquad (2.4.5)$$

Aqui, h0-espessura *da* camada de algodão, ρ, v, h- densidade, velocidade e espessura do algodão num arco arbitrário da zona de limpeza. *L é o* comprimento do eixo.

Nos cálculos, assumimos que a espessura do algodão h é um valor constante.

$A \ll 1$ Utilizando as fórmulas (2.4.4) e (2.4.5), expressamos a *densidade e a pressão através da velocidade v* em .

$$\rho = \frac{v_0\rho_0}{v}, \quad p = p_0 - \frac{1}{A}\left(\frac{v}{v_0} - 1\right) \qquad (2.4.6)$$

Substituindo as expressões ρ e p na equação (2.3.3) obtém-se a seguinte equação para a velocidade do fluxo de algodão:

$$\left(1 - M^{-2}\right)\frac{dv}{dx} = \frac{gR}{v}(\sin\alpha + f\cos\alpha) - fv \qquad (2.4.7)$$

$$M = \frac{v_0}{c_0}, c_0 = \sqrt{\frac{1}{A\rho_0}} \ -$$ Aqui, a falta de distribuição das ondas no algodão.

$y = v^2(x)$ Multiplicando a equação (2.4.7) por v, em relação à função, obtemos a seguinte equação linear:

$$\frac{dy}{da} + 2k_1 y = k_2(\sin\alpha + f\cos\alpha) \qquad (2.3.8)$$

aqui $k_1 = 2fM^2/(M^2 - 1), \quad k_2 = 2gRM^2/(M^2 - 1)$

$\alpha = \alpha_{i-1}$ $(i = 1..n)$ $\alpha = \alpha_{i-1}$ $v = v_k$ Os ângulos entre as grelhas são expressos através de e assumimos que sob a influência das grelhas o escoamento ganha velocidade solução da equação para cada intervalo terá a forma:

$$y_i = \exp[-k_1(\alpha - \alpha_{i-1})]\{v_k^2 + k_2[F(\alpha) - F(\alpha_{i-1})]\} \quad \alpha_{i-1} < \alpha < \alpha_i \tag{2.4.9}$$

$$F(\alpha) = \frac{g \, \mathrm{Re}^{K_1\alpha}}{1 + K_1^2}\left[(K_1 f - 1)\cos\alpha + (K_1 + f)\sin\alpha\right]$$

Aqui n é o número de apostas,

$M = v_0 / c_0 \cdot$ A velocidade do algodão de acordo com a fórmula (2.4.9) depende do número Em aerodinâmica, este número é designado por número *Max*.

Quando os corpos se deslocam no meio aéreo, os seus parâmetros aerodinâmicos dependem deste número, a resistência do ar e as forças aerodinâmicas que afectam o movimento dos corpos dependem do valor do número *Max*. A ocorrência deste número no movimento do fluxo de algodão é explicada pela relação linear entre a densidade e a pressão num meio estacionário (2.4.4). Em diferentes condições $M<1$ e $M>1$ a velocidade do fluxo será diferente. Para valores $M < 1$ há uma aceleração no movimento do meio, pelo que a velocidade aumenta de acordo com a fórmula (2.4.8) e a densidade diminui, ou seja, o meio fica adicionalmente mais solto. Vamos efetuar uma análise teórica do processo de separação de impurezas de ervas daninhas com base no modelo de A.G.Sevostyanov [20 - p.345-349].

Quantidade de impurezas extraídas das infestantes com base na fórmula de determinação da escassez de fluxo (2.4.9).

$\alpha_0 = 0$, $\alpha_1 = 30^0$, $\alpha_2 = 60^0$, $\alpha_3 = 90^0$, $\alpha_4 = 120^0$, $\alpha_5 = 150^0$, $\alpha_6 = 180^0$.

Assumimos que o número de estacas do tambor de estacaria é de seis unidades e que estão instaladas em ângulos adequados Determinar o número de impurezas de infestantes separadas na primeira secção em estado estacionário. De acordo com o modelo adotado, como resultado da separação das impurezas de ervas daninhas em cada secção, a massa diferencial do fluxo de algodão *dm* será determinada de acordo com a seguinte regularidade.

$$\frac{dm}{m} = \lambda \frac{d\rho}{\rho} \tag{2.4.10}$$

λ Este é o coeficiente experimental. $\rho(\alpha_0) = \rho_0 \cdot$ A equação (2.4.10) é integrada pela condição O coeficiente experimental é um coeficiente que reflecte o aumento da quantidade de impurezas de ervas daninhas emitidas com o aumento da área da zona de trabalho do colhedor de algodão.

$$m = m_0(\rho / \rho_0)^\lambda \tag{2.4.11}$$

Aqui m_0 é a massa de impurezas de ervas daninhas que não foram limpas na zona de limpeza do algodão.

$$\alpha_0 < \alpha < \alpha_1 \qquad \varepsilon_1 = 1 - \frac{m_1(\alpha)}{m_0}$$

Utilizamos esta fórmula para a primeira e segunda estacas, ou seja, de acordo com a fórmula que denota a massa reduzida (2.4.11), através da expressão do intervalo, tomamos o efeito de limpeza do algodão, m_0 entre os dois primeiros pinos da tarola.

$\Delta m_1 = m_0 - m_1(\alpha_1)$ O rácio desta diferença seria

$$\Delta m_1 / m_0 = 1 - \varepsilon_1(\alpha_1) \qquad\qquad (2.4.12)$$

$(\alpha_0 < \alpha < \alpha_1)$. $(\alpha_1 < \alpha < \alpha_2)$ A quantidade relativa de impurezas de infestantes extraídas do fluxo de algodão durante a sua limpeza entre as duas primeiras estacas será Este indicador entre a segunda e a terceira estacas será igual a e o efeito de limpeza é determinado, de acordo com a equação (2.4.11), pela seguinte fórmula $\varepsilon_2 = \varepsilon_1(\alpha_1)\rho(\alpha)/\rho(\alpha_1)$.

Com este método, determinamos a quantidade de impurezas de ervas daninhas extraídas durante o processo de limpeza do fluxo de algodão entre secções sucessivas de cascas:

$$\Delta m_2 / m_0 = (m_0 - \Delta m_1)\varepsilon_2(\alpha_2)/m_0 = [1 - \varepsilon_1(\alpha_1)]\varepsilon_2(\alpha_2) \qquad (2.4.13)$$

$$\Delta m_3 / m_0 = [1 - \varepsilon(\alpha_1)][1 - \varepsilon(\alpha_2)]\varepsilon_3(\alpha_3)$$

$$\Delta m_4 / m_0 = [1 - \varepsilon_1(\alpha_1)][1 - \varepsilon_2(\alpha_2)][(1 - \varepsilon_3(\alpha_3)]\varepsilon_4(\alpha_4) \qquad (2.4.14)$$

$$\Delta m_5 / m_0 = [1 - \varepsilon_1(\alpha_1)][1 - \varepsilon_2(\alpha_2)][(1 - \varepsilon_3(\alpha_3))(1 - \varepsilon_4(\varepsilon_4)]\varepsilon_5(\alpha_5)$$

$$\varepsilon_i = \varepsilon_{i-1}(\alpha_{i-1})\rho(\alpha)/\rho(\alpha_{i-1})$$

ε São apresentados os gráficos da distribuição do coeficiente de eficiência de limpeza a partir do coeficiente de atrito f e do rácio $M = V_{00} / s_0$ para diferentes valores de distribuição ao longo do arco de limpeza do algodão. Ao efetuar os cálculos, os valores são considerados $R = 0.2\,м$, $v_k = 9\,м/c$, $\lambda = 0.5$.

As Fig. 2.12 e 2.13 mostram os gráficos da variação do valor máximo do coeficiente de eficiência de limpeza em dois valores do coeficiente *de atrito f em* relação ao número M. A partir da análise dos gráficos, é óbvio que, com pequenos valores do número M, ocorre uma separação intensiva das impurezas das ervas daninhas nas secções entre a primeira e a segunda estaca de um tambor de estacas; com o aumento do número M, o processo de limpeza ocorre em todos os pontos da secção e a intensidade da limpeza diminui gradualmente. Observa-se um aumento do coeficiente de atrito na primeira zona entre as estacas da grelha, que é a razão do aumento do coeficiente do efeito de limpeza.

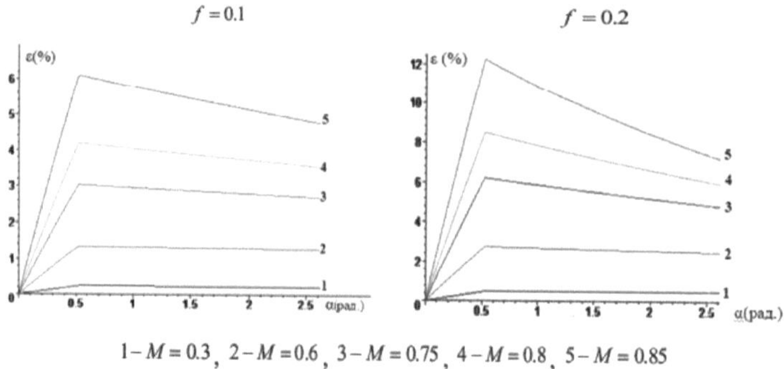

[f]**Fig. 2.12 Gráficos da distribuição ao longo do arco de limpeza da variação do coeficiente de eficiência de limpeza para dois valores do coeficiente de** *atrito f* **e diferentes valoresk do número** *M*

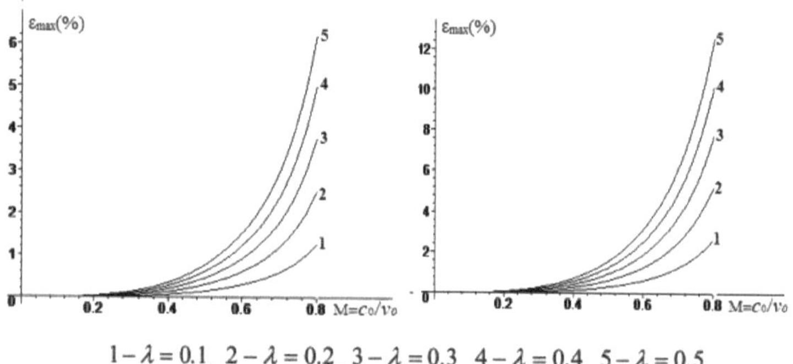

Fig.2.13 Gráfico da variação do valor máximo do coeficiente de eficiência de limpeza ý *para* **dois valores do coeficiente** *de atrito f em* **função do número** *M*

Da análise dos gráficos, pode concluir-se que, à medida que o número M se aproxima do valor 1, há um aumento acentuado do coeficiente do efeito de purificação.

O processo de separação das impurezas das ervas daninhas do algodão pode ser obtido através da fórmula (2.4.11). O processo de intensidade de recolha das impurezas das ervas daninhas depende da localização mútua dos tambores de recolha fina e do método de transferência (transporte) do algodão entre eles. A este respeito, consideremos teoricamente os esquemas de duas tecnologias de limpeza, horizontal e vertical (proposta), apresentados na Fig. 2.4.2 a) e b).

A tecnologia horizontal (existente) de limpeza do algodão de ervas daninhas finas utilizada na produção tem uma série de desvantagens. [oo]Uma delas é o baixo efeito de limpeza, que é de 40 - 45 . Ao mover-se horizontalmente enquanto transfere o algodão de um corpo de trabalho para outro, há também uma perda de velocidade do algodão, o que afecta negativamente os parâmetros de qualidade natural do algodão limpo. Outra desvantagem desta tecnologia é que o algodão transportado durante a limpeza de pequenas impurezas de ervas daninhas é limpo principalmente de um lado, que está em contacto com a superfície da malha, o que afecta o efeito de limpeza da máquina. Como se pode ver na figura 2.4.2-(b), as secções de limpeza estão dispostas verticalmente umas em relação às outras e, nas zonas limítrofes da transferência do algodão, a velocidade mantém-se inalterada ou, em alguns casos, aumenta.

Para determinar o efeito de limpeza da máquina de limpeza vertical modernizada, vamos efetuar uma análise teórica do movimento e da limpeza do algodão, de acordo com o diagrama da Fig. 2.4.2 a) e b). Como se pode ver no esquema 2.4.2 a), na máquina de limpeza de algodão existente, de disposição horizontal, na área de trabalho do tambor de limpeza de estacas, o processo de limpeza do algodão envolve quatro estacas, e na área de trabalho da máquina de limpeza de algodão modernizada, de disposição vertical dos corpos de trabalho, o processo de limpeza do algodão no tambor de estacas envolve 6 estacas. No modo estacionário de limpeza do algodão na disposição horizontal, quando se enchem as quatro secções do tambor de piquetagem, o processo ocorre quando o enchimento da primeira secção do tambor de piquetagem com algodão leva à fuga do algodão parcialmente limpo da quarta secção. $\omega . 4\pi/\omega.$ Se partirmos do princípio de que a velocidade angular das estacas é igual ao tempo de repetição periódica do processo de limpeza $t,$ e se negligenciarmos o tempo de deslocação de uma secção de limpeza para outra, o tempo necessário para a limpeza do algodão nas quatro secções de limpeza será igual a Com a ajuda dos coeficientes de eficiência de limpeza, numa primeira aproximação, determina-se a quantidade de impurezas de ervas daninhas que são libertadas das secções de limpeza. A quantidade relativa de impurezas libertadas em todas as secções é definida como a seguinte soma, em primeira aproximação. $T = 4\pi/\omega$ Para o intervalo de tempo, o valor total das impurezas extraídas será o seguinte

$$M_i = M_{i1} + M_{i2} + M_{i3} + M_{i4} \quad (i=1,2,3,4) \tag{15}$$

$$M_i = M_{i1} + M_{i2} + M_{i3} + M_{i4} + M_{i5} \quad (i=1,2,3,4,5) \tag{16}$$

Neste caso, o valor dos números M_{ij} é o valor total da massa de impurezas infestantes extraída na secção i entre as estacas j e j +1 (j = 1...4). A fórmula de cálculo destes valores depende da conceção e do método de limpeza do algodão. Numa primeira aproximação, os valores numéricos de M_{ij} em diferentes esquemas de limpeza, de acordo com as fórmulas (2.4.12-2.4.14), são determinados pelas fórmulas.

$$M_{11} = d\bar{m}_{11} = \varepsilon_1(\alpha_1), \quad M_{12} = (1 - d\bar{m}_{11})\varepsilon_2(\alpha_2), \quad M_{13} = (1 - d\bar{m}_{11} - d\bar{m}_{12})\varepsilon_3(\alpha_3),$$

$$M_{14} = (1 - d\bar{m}_{11} - d\bar{m}_{12} - d\bar{m}_{13})\varepsilon_4(\alpha_4), \quad M_{15} = (1 - d\bar{m}_{11} - d\bar{m}_{12} - d\bar{m}_{13} - d\bar{m}_{14})\varepsilon_5(\alpha_5) \quad (2.4.17)$$

$$M_{21} = (1 - d\bar{m}_{11} - d\bar{m}_{12} - d\bar{m}_{13} - d\bar{m}_{14} - d\bar{m}_{15})\varepsilon_6(\alpha_1), \quad M_{22} = (1 - d\bar{m}_{21})\varepsilon_7(\alpha_2),$$

$$M_{23} = (1 - d\bar{m}_{21} - d\bar{m}_{22})\varepsilon_8(\alpha_3), \quad M_{24} = (1 - d\bar{m}_{21} - d\bar{m}_{22} - d\bar{m}_{23})\varepsilon_9(\alpha_4),$$

$$M_{25} = (1 - d\bar{m}_{21} - d\bar{m}_{22} - d\bar{m}_{23} - d\bar{m}_{24})\varepsilon_{10}(\alpha_5) \qquad (2.4.18)$$

$$M_{31} = (1 - d\bar{m}_{21} - d\bar{m}_{22} - d\bar{m}_{23} - d\bar{m}_{24} - d\bar{m}_{25})\varepsilon_{11}(\alpha_1), \quad M_{32} = (1 - d\bar{m}_{31})\varepsilon_{12}(\alpha_2),$$

$$M_{33} = (1 - d\bar{m}_{31} - d\bar{m}_{32})\varepsilon_{13}(\alpha_3), \quad M_{34} = (1 - d\bar{m}_{31} - d\bar{m}_{32} - d\bar{m}_{33})\varepsilon_{14}(\alpha_4)$$

$$M_{35} = (1 - d\bar{m}_{31} - d\bar{m}_{32} - d\bar{m}_{33} - d\bar{m}_{34})\varepsilon_{15}(\alpha_5) \qquad (2.4.19)$$

$$M_{41} = (1 - d\bar{m}_{31} - d\bar{m}_{32} - d\bar{m}_{33} - d\bar{m}_{34} - d\bar{m}_{35})\varepsilon_{16}(\alpha_1), \quad M_{42} = (1 - d\bar{m}_{41})\varepsilon_{17}(\alpha_2)$$

$$M_{43} = (1 - d\bar{m}_{41} - d\bar{m}_{42})\varepsilon_{18}(\alpha_3), \quad M_{34} = (1 - d\bar{m}_{41} - d\bar{m}_{42})\varepsilon_{19}(\alpha_3)$$

$$M_{45} = (1 - d\bar{m}_{41} - d\bar{m}_{42} - d\bar{m}_{43} - d\bar{m}_{44})\varepsilon_{20}(\alpha_5) \qquad (2.4.20)$$

$\bar{m}_{ij} = m_{ij} / m_0$ $\quad m_{ij}$ ва ε_i Os valores completos de wa ε_i $_{são}$ apresentados nos apêndices.

$$M = \sum_{i=1}^{4} \sum_{j=1}^{4} M_{ij} \ ,$$

Nos modelos existentes de máquinas de limpeza de seiva fina de disposição horizontal, a quantidade de ervas daninhas extraídas numa secção de limpeza é calculada de acordo com a fórmula e a quantidade de seiva extraída na secção de limpeza é calculada de acordo com a fórmula.

A secção de limpeza do limpador vertical de relva fina proposto é calculada de

$$M = \sum_{i=1}^{4} \sum_{j=1}^{5} M_{ij} \ .$$

acordo com a fórmula

$v_k = 9\text{м/с}, \quad R = 0.2\text{м}, \quad \lambda = 0.25$ Nos cálculos foram considerados os seguintes valores dos parâmetros Os cálculos foram efectuados para quatro valores do número de

M. Como já foi referido, na disposição horizontal das secções de limpeza do limpador de seiva fina, a velocidade do fluxo de algodão é parcialmente reduzida durante a transferência de uma secção de limpeza para outra, pelo que este indicador é tido em conta nos cálculos.

Por conseguinte, para cada secção de remoção de finos, os valores correspondentes do número M (Quadro 2.1-2.2) são adoptados nos cálculos.

Efeito de limpeza na tecnologia existente e na tecnologia proposta de limpeza de algodão de folhada fina com coeficiente *de fricção f=0,1*

Tabela 2.1.

Valores do número M	f=0.1									
	Tecnologia de limpeza horizontal (existente), número de secções e percentagem de limpeza					Tecnologia de limpeza vertical (proposta), número de secções e percentagem de limpeza				
	1	2	3	4	Total	1	2	3	4	Total
0,3	0,47	0,34	0,29	0,24	**1.34**	0,59	0,59	0,43	0,43	**2.03**
0,38	0,90	0,79	0,69	0,60	**2.99**	1,13	1,13	0,98	0,97	**4.20**
0,56	2,64	2,28	2,01	1,77	**8.70**	3,28	3,28	2,76	2,67	**11.98**
0,75	11,36	9,99	7,29	4,42	**33.06**	13,79	13,79	8,72	7,56	**43.86**

Efeito de limpeza na tecnologia existente e na tecnologia proposta para a limpeza de algodão de folhada fina com um coeficiente *de atrito f=0,2*

Tabela 2.2.

Valores do número M	f=0.2									
	Tecnologia de limpeza horizontal (existente), número de secções e efeito de limpeza					Tecnologia de limpeza vertical (proposta), número de secções e efeito de limpeza				
	1	2	3	4	Total	1	2	3	4	Total
0,3	0,97	0,70	0,59	0,49	**2.75**	1,21	1,21	0,87	0,86	**4.15**
0,38	1,86	1,60	1,39	1,20	**6.04**	2,31	2,31	1,95	1,91	**8.47**
0,56	5,32	4,41	3,76	3,25	**16.74**	6,57	6,57	5,11	4,78	**23.02**
0,75	21,09	15,27	9,31	6,33	**51.99**	24,91	24,91	11,57	8,48	**69.87**

CAPÍTULO III

INVESTIGAÇÃO SOBRE O DESENVOLVIMENTO DE UMA MÁQUINA DE LIMPEZA VERTICAL DE ALGODÃO A PARTIR DE FOLHAGEM FINA

3.1 Analisar os resultados dos ensaios laboratoriais de uma máquina de limpeza vertical de algodão contra impurezas de ervas finas

Com base no programa e na metodologia de testes aprovados (apêndice), foram efectuados estudos experimentais comparativos das instalações laboratoriais de disposição horizontal (1HK) no laboratório científico do departamento

"Tecnologia de processamento primário de fibras naturais", e da máquina de limpeza de algodão de seiva fina de disposição vertical na oficina de laboratório experimental no centro científico do JSC "Paxtasanoat ilmiy markazi", onde o comprimento da parte de trabalho do tambor de piquetagem foi feito no tamanho de 300 mm.

As peças rotativas foram montadas em veios cantilever. As superfícies da grelha e outros elementos foram fixados no corpo da unidade de laboratório. O número de rotações dos tambores cónicos para a limpeza de impurezas finas de ervas daninhas após os alimentadores foi alterado de acordo com a seguinte sequência crescente: 1 - tambor - 390 r/min, 2 - tambor - 400 r/min, 3 - tambor - 410 r/min e 4 - tambor - 420 r/min, o que permitiu uma limpeza uniforme e contínua transportar o algodão ao longo da linha de limpeza sem o abater.

Para observação visual do processo de limpeza do algodão, a parte da frente da unidade laboratorial está coberta com vidro orgânico transparente, o que permite a gravação em vídeo do processo de limpeza do algodão. °Aquando da criação da unidade experimental, o arco de circunferência da superfície da malha do tambor cónico atingiu um valor máximo de 210 .

A instalação laboratorial da máquina de limpeza vertical (Fig. 3.1 e 3.2) tem as seguintes dimensões: largura - 1200 mm, altura 2000 mm, distância entre os rolos de alimentação 250 mm, distância entre os rolos de alimentação e o primeiro tambor de estaca 340 mm, distância inter-axial entre os tambores de estaca é 350 mm, distância entre o quarto tambor de estaca e o parafuso de estiramento 310 mm, comprimento da parte de trabalho de todas as unidades da instalação laboratorial 300 mm.

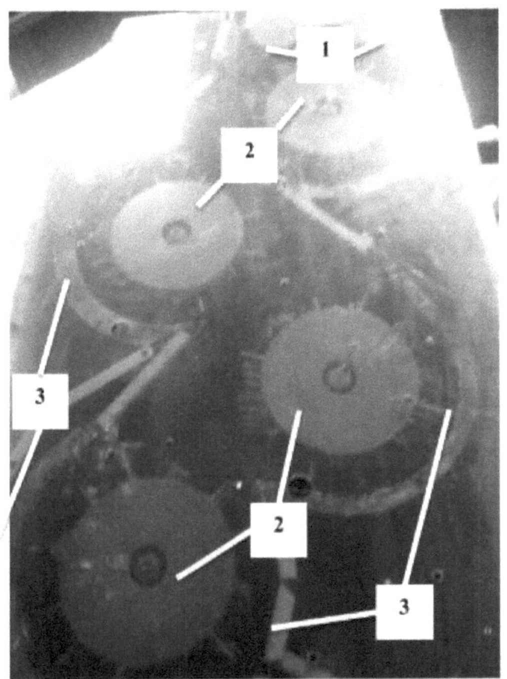

Fig.3.1 Instalação laboratorial do limpador de relva fina modernizado com tambores de estacas e pratos dispostos verticalmente e paralelamente em sequência

1- rolos de alimentação; 2- tambores de placa de estaca; 3- superfície da bolsa
Para a observação visual dos ensaios laboratoriais da máquina de limpeza vertical, a parte da frente da máquina é coberta por um vidro transparente. Devido à circunferência máxima dos tambores de estacas pela superfície da malha, consegue-se a máxima participação das estacas no processo de limpeza do algodão da folhada fina.

Na unidade de laboratório, o algodão é alimentado por rolos de alimentação 1 para o primeiro tambor cónico 2, que limpa o algodão arrastando-o sobre uma superfície de malha que roda a uma velocidade de 390 rpm e o atira para cima. O algodão que atinge a superfície da malha 3 cai no segundo tambor cónico seguinte, que limpa o algodão arrastando-o sobre a superfície da malha, rodando a uma velocidade de 400 rpm, enquanto o fluxo de algodão limpo muda a superfície de limpeza para o plano oposto. Este processo repete-se no terceiro e quarto tambores de estacas e pratos. O movimento em ziguezague do algodão a limpar e a circunferência máxima da superfície da malha dos tambores de estacas e de lâminas dispostos perpendicularmente em paralelo permitem assegurar um elevado efeito de limpeza da máquina [38 -p.44-50].

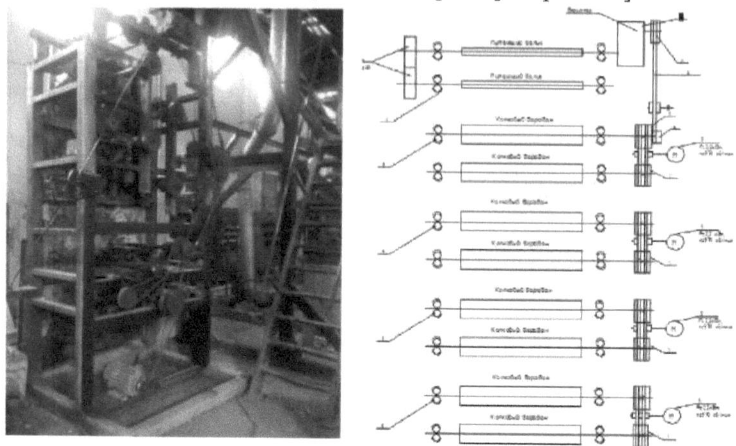

Fig.3.2 Diagrama esquemático e vista das unidades cinemáticas e de trabalho da máquina de limpeza vertical combinada de algodão de seiva fina e grosseira

Antes dos ensaios de laboratório, de acordo com o programa de ensaios, foram verificados a produtividade, o número de rotações das unidades de trabalho e o seu estado técnico, as folgas tecnológicas entre a superfície da malha e os tambores de estacas, bem como outras dimensões de controlo aceites e o estado das unidades de laboratório. O diâmetro de dois rolos de alimentação é aceite d=150 mm, o diâmetro de quatro tambores de estacas D=400 mm, a distância entre o tambor de estacas e a superfície da malha é de 14^18 mm. Os ensaios laboratoriais foram efectuados nas seguintes condições:

- por meio de tambores de estaca no atual processo de limpeza do algodão;

- no processo tecnológico de limpeza do algodão, através do aumento da área de contacto do algodão entre o tambor da estaca e a superfície da malha;

- no processo tecnológico, quando o grau máximo de desprendimento do algodão é assegurado durante a transferência do algodão de um tambor de recolha para o seguinte, devido à trajetória sem choques do seu movimento;

- a possibilidade de limpar o algodão de diferentes lados (shovelling) com as estacas e a superfície da malha do limpador ao mover o algodão de um tambor para outro;

- A força do algodão que embate na superfície da malha, quando se consegue um elevado desprendimento, faz com que as impurezas finas das ervas daninhas percam consideravelmente a sua aderência à fibra, resultando numa limpeza intensiva do algodão;

- durante o processo tecnológico, quando os tambores cónicos estão dispostos em "ziguezague", ou seja, num plano vertical na mesma linha e em paralelo oposto.

Durante as experiências, a zona de trabalho de limpeza do algodão de pequenas impurezas de ervas daninhas "tambor de estaca - algodão - superfície da malha" foi variada em três intervalos: mínimo 1800, média 210 0, máximo 2400 (Fig.3.3)

.

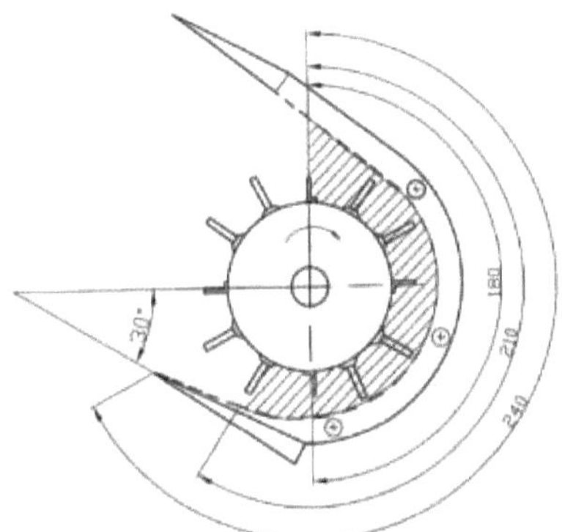

Fig. 3.3 Variantes do arco de cobertura da área de trabalho da limpeza do algodão de impurezas finas de ervas daninhas "Tambor de estaca - algodão - superfície da malha"

A velocidade linear de rotação dos tambores de estacas foi de 9 m/s, tal como nas máquinas de limpeza de algodão de folhada fina existentes.

As amostras obtidas durante as experiências foram testadas de acordo com as orientações metodológicas adoptadas nas normas nacionais O'z DSt 643:2006, O'z DSt 644:2006, O'z DSt 592:2008 [39; 40; 41].

O teor de humidade do algodão foi determinado após pesagem em balanças electrónicas de laboratório VLKT 500 e determinado no termo-higrómetro VHS-M1. O grau de infestante das amostras foi determinado na unidade de laboratório LKM e, pela massa de impurezas infestantes extraídas, foi deduzido o efeito de limpeza da unidade de laboratório. A velocidade de rotação e a velocidade linear dos tambores de placa cónica foram medidas com um tacómetro da marca 8 TM 0.5 (classe de precisão 2, unidade de medida 10 rpm).

Os seguintes requisitos de processo aplicam-se à instalação laboratorial modernizada da máquina de limpeza vertical:

- Ao limpar o algodão, para maximizar a preservação das suas características naturais de qualidade;

- assegurar um desempenho ótimo da unidade de laboratório em funcionamento normal de todos os seus componentes;

- ao limpar o algodão para maximizar o desprendimento e evitar o aumento da densidade do material processado;

- Assegurar a remoção completa das impurezas das ervas daninhas, evitando o efeito da sua recirculação na unidade de laboratório.

Para a realização de testes comparativos dos indicadores tecnológicos das unidades de laboratório 1HK e da máquina de limpeza vertical (Fig. 3.4), foi utilizado o algodão C-6524, II - grau industrial, 3ª classe, com indicadores qualitativos: contaminação 16,71% e teor de humidade 16,42%.

Fig. 3.4 Instalações laboratoriais do purificador de escórias finas a) disposição horizontal (1HK) e b) disposição vertical

Na primeira fase dos testes, foi testada a eficácia da limpeza do algodão da seiva fina da máquina de limpeza vertical.

Uma análise comparativa do efeito de limpeza de instalações laboratoriais de máquinas de limpeza com disposição horizontal e vertical mostrou (Fig. 3.5) que, na disposição vertical, com uma contaminação inicial elevada do algodão de 16,71%, o efeito de limpeza é de 49,67% na limpeza única do algodão, o que é superior ao efeito de limpeza da disposição horizontal em 5,44%. O efeito de limpeza é de 45,62% na disposição vertical com um bloqueio médio inicial do algodão de 5,48%, o que é superior ao efeito de limpeza da disposição horizontal em 5,61%.

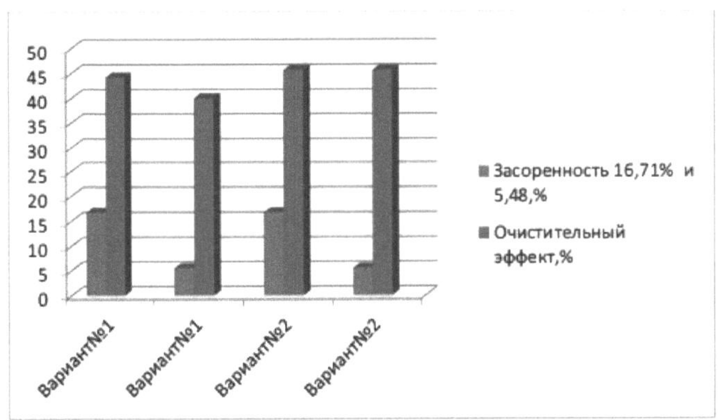

Fig.3.5 Gráfico comparativo do efeito de limpeza das instalações de laboratório a 16, 71% e 5,48% de taxa de obstrução

A opção n.º 1 consiste em instalar um aparelho de limpeza com uma disposição horizontal;

Opção nº 2 - instalação de um limpador com um layout vertical.

Quando se estudou o efeito da capacidade da unidade de laboratório, verificou-se que a uma capacidade de 7 t/h o efeito de limpeza era de 40,1%, a uma capacidade média de 5 t/h o efeito de limpeza era de 41,4% e a uma capacidade baixa de 3 t/h o efeito de limpeza da máquina de limpeza de sorgo fino de laboratório aumentava para 43,2% (Fig.3.6).

Durante os testes da máquina de limpeza laboratorial de disposição vertical, foi estudada a influência do teor de humidade do algodão na eficácia da sua limpeza. Com o aumento do teor de humidade, observou-se uma diminuição significativa do efeito de limpeza, por exemplo, na limpeza de algodão com um teor de humidade elevado de 16,42% com uma obstrução de controlo de 5,48%, após a limpeza foi de 3,52% com um efeito de limpeza de 35,76%. Na limpeza do algodão com um teor de humidade de 10,14% com uma contaminação de controlo de 5,48%, após a limpeza a contaminação foi de 3,38%. Ou seja, o efeito de limpeza com este teor de humidade foi mais elevado e igual a 38,32%. Com o teor de humidade inicial do algodão padrão de 8,52% e 5,48% de entupimento após a limpeza, o entupimento foi de 3,14%, e o efeito de limpeza da instalação laboratorial da máquina de limpeza vertical na seiva fina foi de 42,70% (Fig. 3.7).

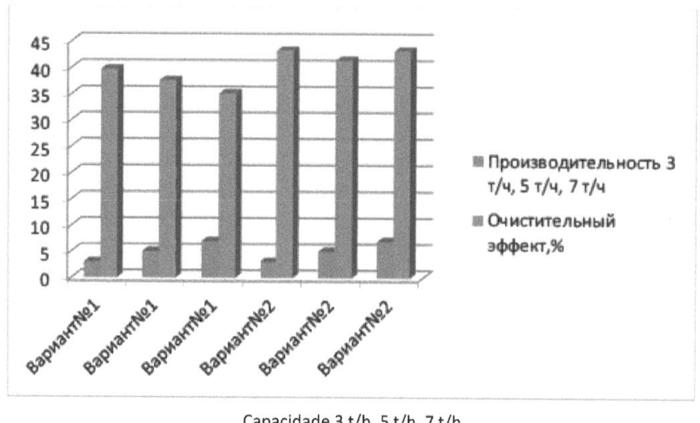

Capacidade 3 t/h, 5 t/h, 7 t/h

■ Efeito de limpeza,%

Fig. 3.6 Gráfico comparativo do efeito de limpeza das instalações de laboratório
com capacidade de 3 t/h, 5 t/h e 7 t/h

Opção n.º 1 - Máquina de limpeza montada na horizontal; Opção n.º 2 - Máquina de limpeza montada na vertical

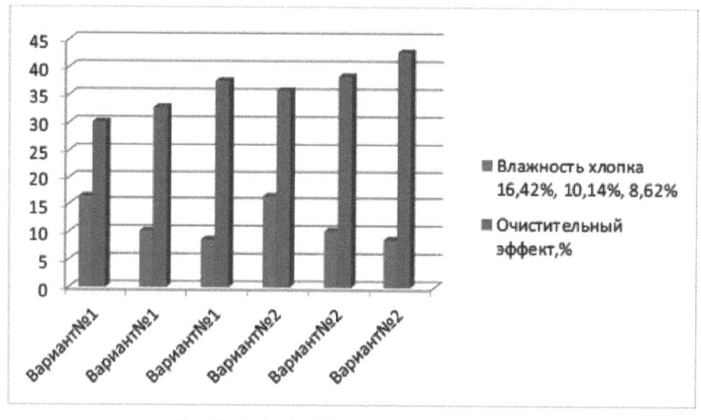

Humidade do algodão 16,42%, 10,14%, 8,62%

■ Efeito de limpeza,%

Fig. 3.7 Gráfico comparativo do efeito de limpeza das plantas de laboratório
com um teor de humidade do algodão de 16, 71%, 10,14% e 8,62%

Opção n.º 1 - Máquina de limpeza montada na horizontal; Opção n.º 2 - Máquina de limpeza montada na vertical

**Resultados dos ensaios da máquina de limpeza vertical na
oficina do laboratório experimental da Paxtasanoat ilmiy markazi
S.A.**

Quadro n.º 3.1

Nº	Indicadores	%	Efeito de limpeza, %
	Influência da contaminação do algodão		
1	Controlo da infestação elevada	16,71	
2	Detritos após a limpeza	8,41	49,67
3	Controlo da infestação média	5,48	
4	Detritos após a limpeza	2,98	45,62
	Influência do desempenho das instalações		
1	Amostra de controlo	5,48	
2	Elevada capacidade, 7 toneladas por hora	3,49	40,1
3	Capacidade média, 5 t/h	3.21	41,4
4	Baixa capacidade, 3 t/h	3,11	43,2
	Influência do teor de humidade do algodão		
1	Com humidade máxima	16,42	
	Controlo da infestação	5,48	
	Detritos após a limpeza	3,52	35,76
2	Com humidade média	10,14	
	Controlo das infestantes	5,48	
	Detritos após a limpeza	3,38	38,32
3	Com humidade mínima	8,52	
	Controlo das infestantes	5,48	
	Detritos após a limpeza	3,14	42,70

A análise do desempenho comparativo de dois arranjos de limpadores de seiva fina mostrou uma elevada eficiência do limpador vertical (Quadros 3.1 e 3.2).

Resultados dos ensaios da máquina de limpeza horizontal no laboratório do Departamento "Tecnologia do tratamento primário das fibras naturais"

Quadro n.º 3.2

Nº	Indicadores	%	Efeito de limpeza, %
	Influência da contaminação do algodão		
1	Controlo da infestação elevada	16,71	
2	Detritos após a limpeza	9,32	44,23
3	Controlo da infestação média	5,48	

4	Detritos após a limpeza	3,29	40,01
Influência do desempenho das instalações			
1	Amostra de controlo	5,48	
2	Elevada capacidade, 7 toneladas por hora	3,56	35,08
3	Capacidade média, 5 t/h	3.42	37,55
4	Baixa capacidade, 3 t/h	3,31	39,67
Influência do teor de humidade do algodão			
1	Com humidade máxima	16,42	
	Controlo das infestantes	5,48	
	Detritos após a limpeza	3,83	30,15
2	Com humidade média	10,14	
	Controlo das infestantes	5,48	
	Detritos após a limpeza	3,68	32,78
3	Com humidade mínima	8,52	
	Controlo das infestantes	5,48	
	Detritos após a limpeza	3,43	37,49

Por exemplo, ao limpar o algodão de pequenas impurezas de ervas daninhas numa máquina de limpeza com uma disposição vertical, indicadores como o entupimento do algodão, diferentes valores do seu teor de humidade e efeito de limpeza em diferentes valores da capacidade da instalação são significativamente mais elevados do que indicadores semelhantes de testes da instalação com uma disposição horizontal. Isto é conseguido através do aumento do arco em torno da superfície da malha dos tambores de estacas, do aumento do impacto da transferência do algodão e da alteração da superfície de limpeza do fluxo de algodão, uma vez que este é transportado entre os tambores de estacas e limpo de forma recíproca, sem o contra-impacto presente nos limpadores horizontais de seiva miúda existentes.

3.2 Planeamento de experiências e análise dos factores que afectam o efeito de limpeza da máquina de limpeza vertical

A fim de investigar a influência do efeito de limpeza da seiva fina do limpador vertical na área de trabalho da superfície da malha, no teor de humidade do algodão e na produtividade da unidade laboratorial, foram tidos em conta os seguintes parâmetros principais, que são aceites como parâmetros de entrada e de saída:

$x1$ - área de trabalho da superfície da malha, a, grau.

Sabe-se que a área de trabalho da superfície da malha na limpeza de impurezas finas de ervas daninhas afecta significativamente a eficiência da limpeza. À medida que a área de trabalho aumenta, a separação de impurezas de ervas daninhas finas melhora. °Nos limpadores de ervas daninhas finas existentes, o ângulo de circunferência da superfície da malha dos tambores cónicos não excede o valor de 100 . No laboratório, considerámos o valor máximo da área de trabalho da superfície da malha como 2400 e o valor mínimo como 1800.

$_2x$ - teor de humidade do algodão, W, %.

De acordo com os requisitos dos regulamentos existentes, o teor de humidade normal do algodão para a limpeza de ervas daninhas finas é de 8-9%. Sabe-se que uma alteração destes valores normativos tem um impacto significativo na eficiência da limpeza. Por conseguinte, adoptámos um teor de humidade máximo de 15% e um teor de humidade padrão de 9%.

$_3x$ - produtividade, P, toneladas/hora.

A influência da produtividade no efeito de limpeza das máquinas de limpeza de seiva fina foi comprovada por numerosos estudos. O funcionamento do limpador de laboratório com uma produtividade óptima permite assegurar a preservação dos indicadores de qualidade natural do algodão processado. Com base nestas posições, escolhemos a capacidade máxima da instalação de 7 toneladas/hora e a mínima de 3 toneladas/hora.

Para a realização da investigação, optou-se por uma experiência com todos os factores [42 - 274 p.] 23 . Depois de selecionar os principais factores e os níveis da sua variação, determinou-se quais os parâmetros de saída que serão utilizados para chegar a uma conclusão sobre a avaliação do desempenho da unidade laboratorial, bem como para otimizar os parâmetros tecnológicos e de conceção do purificador. Com base nos parâmetros obtidos, foi elaborada uma matriz de planeamento, que é apresentada nos quadros 3.3 e 3.4

Principais factores e níveis de variação

Tabela - 3.3.

№	Nome do fator	Código de designação	Valores reais do fator			Gama de variação
			-1	0	+1	
1	Zona de trabalho da superfície da malha, a, grau.	x_1	180	210	240	30
2	Teor de humidade do algodão, W, %.	x_2	9	12	15	3
3	Capacidade, P, toneladas/hora.	x_3	3	5	7	2

Na realização das experiências, o parâmetro de saída é escolhido como o efeito de limpeza da unidade de laboratório (y). Além disso, construímos o plano da matriz de planeamento de experiências, tendo escrito na forma padrão as condições de experimentação sob a forma de uma tabela, nas linhas das quais os dados das experiências são escritos nas colunas "factores" em designações de código, com a realização de todas as combinações possíveis de combinações ordenadas de factores, com base nas quais realizamos 2 experiências paralelas.

$= {}^{28}216$ Então, o número de experiências é N - , tendo em conta o número de repetições m = o número total de experiências é N - m = O plano completo da matriz de planeamento é apresentado na Tabela 3.2.7

Esboço completo da matriz de planeamento - 2 ^{3}

Tabela 3.4.

t/r	Factores		
	x_1, grau	x_2, %	x_z, toneladas por hora
1	180	9	3
2	240	9	3
3	180	15	3
4	240	15	3
5	180	9	7
6	240	9	7
7	180	15	7
8	240	15	7

Os dados experimentais obtidos foram processados no computador, resultando em equações de regressão.

Para este efeito, foram estudados os factores que influenciam a libertação máxima de impurezas finas de ervas daninhas inferiores a 10 mm. Os resultados experimentais são apresentados no Quadro 3.5.

Encontre os valores dos coeficientes de regressão utilizando as seguintes fórmulas.

$$b_0 = \frac{1}{N}\sum_{u=1}^{N}\bar{y}_u \,, \quad b_i = \frac{1}{N}\sum_{u=1}^{N}X_{iu}\bar{y}_u \,, \quad b_{ij} = \frac{1}{N}\sum_{u=1}^{N}X_{iu}X_{ju}\bar{y}_u \,, \quad b_{ijk} = \frac{1}{N}\sum_{u=1}^{N}X_{iu}X_{ju}X_{ku}\bar{y}_u \qquad (3.2.1)$$

Matriz de planeamento, indicadores experimentais e estimados

Quadro - 3.5

N.º de experiência	Valores intermédios dos factores			Efeito de limpeza da instalação, $\bar{y}_r$		$\bar{y}_u$	S_u^2	Y_{Ru}	R_0 (%)
	$X1$	$X2$	Hz	$\bar{y}_{i1}$	$\bar{y}_{i2}$				
1	-	-	-	54,3333	55,0667	54,7000	0,2689	55,396	1,2561
2	+	-	-	60,4667	60,1333	60,3000	0,0556	60,192	- 0,1800
3	-	+	-	51,4667	51,1333	51,3000	0,0556	51,408	0,2107
4	+	+	-	56,4667	55,8000	56,1333	0,2222	55,438	- 1,2552
5	-	-	+	53,4333	52,0667	52,7500	0,9339	52,054	- 1,3367

54

6	+	-	+	54,4667	53,3333	53,9000	0,6422	54,008	0,2006
7	-	+	+	45,8333	44,8333	45,3333	0,5000	45,225	- 0,2395
8	+	+	+	51,7667	51,0333	51,4000	0,2689	52,096	1,3357

Depois de determinar os coeficientes, vamos escrever as equações de regressão das variáveis codificadas.

$$\hat{y} = b_0 + \sum_{i=1}^{k} b_i x_i + \sum_{i<1}^{k} b_{ij} X_i X_j + \sum_{i<j<l}^{k} b_{ijl} X_i X_j X_l \qquad (3.2.2)$$

Para efetuar os cálculos dos valores dos coeficientes, determinamos os valores médios da tabela.

valor médio

$$b_0 = \frac{1}{N}\left(\overline{Y}_{cp_1} + \overline{Y}_{cp2} + \overline{Y}_{cp_3} + \overline{Y}_{cp_4} + \overline{Y}_{cp_5} + \overline{Y}_{cp_6} + \overline{Y}_{cp_7} + \overline{Y}_{cp_8}\right) = 53,2271$$

Consideremos valores lineares dos coeficientes

$$b_1 = \frac{1}{N}\left(x_{11}\overline{Y}_{cp_1} + x_{12}\overline{Y}_{cp2} + x_{13}\overline{Y}_{cp_3} + x_{14}\overline{Y}_{cp_4} + x_{15}\overline{Y}_{cp_5} + x_{16}\overline{Y}_{cp_6} + x_{17}\overline{Y}_{cp_7} + x_{18}\overline{Y}_{cp_8}\right) = 2,2063$$

$$b_2 = \frac{1}{N}\left(x_{21}\overline{Y}_{cp_1} + x_{22}\overline{Y}_{cp2} + x_{23}\overline{Y}_{cp_3} + x_{24}\overline{Y}_{cp_4} + x_{25}\overline{Y}_{cp_5} + x_{26}\overline{Y}_{cp_6} + x_{27}\overline{Y}_{cp_7} + x_{28}\overline{Y}_{cp_8}\right) = -2,1854$$

$$b_3 = \frac{1}{N}\left(x_{31}\overline{Y}_{cp_1} + x_{32}\overline{Y}_{cp2} + x_{33}\overline{Y}_{cp_3} + x_{34}\overline{Y}_{cp_4} + x_{35}\overline{Y}_{cp_5} + x_{36}\overline{Y}_{cp_6} + x_{37}\overline{Y}_{cp_7} + x_{38}\overline{Y}_{cp_8}\right) = -2,3812$$

Considerar valores não lineares dos coeficientes:

$$b_{12} = \frac{1}{N}\left(x_{11}x_{21}\overline{Y}_{cp_1} + x_{12}x_{22}\overline{Y}_{cp2} + x_{13}x_{33}\overline{Y}_{cp_3} + x_{14}x_{34}\overline{Y}_{cp_4} + x_{15}x_{25}\overline{Y}_{cp_5} + x_{16}x_{26}\overline{Y}_{cp_6} + x_{17}x_{27}\overline{Y}_{cp_7} + x_{18}x_{28}\overline{Y}_{cp_8}\right) = 0,5188$$

$$b_{23} = \frac{1}{N}\left(x_{21}x_{31}\overline{Y}_{cp_1} + x_{22}x_{32}\overline{Y}_{cp2} + x_{23}x_{33}\overline{Y}_{cp_3} + x_{24}x_{34}\overline{Y}_{cp_4} + x_{25}x_{35}\overline{Y}_{cp_5} + x_{26}x_{36}\overline{Y}_{cp_6} + x_{27}x_{37}\overline{Y}_{cp_7} + x_{28}x_{38}\overline{Y}_{cp_8}\right) = -0,2938$$

$$b_{123} = \frac{1}{N}\left(x_{11}x_{21}x_{31}\overline{Y}_{cp_1} + x_{12}x_{22}x_{32}\overline{Y}_{cp2} + x_{13}x_{23}x_{33}\overline{Y}_{cp_3} + x_{14}x_{24}x_{34}\overline{Y}_{cp_4} + x_{15}x_{25}x_{35}\overline{Y}_{cp_5} + x_{16}x_{26}x_{36}\overline{Y}_{cp_6} + \right.$$
$$\left. x_{17}x_{27}x_{37}\overline{Y}_{cp_7} + x_{18}x_{28}x_{38}\overline{Y}_{cp_8}\right) = 0,7104$$

Neste caso, adoptamos um modelo multifatorial:

$$y_R = b_0 + b_1 x_1 + b_2 x_2 + b_3 x_3 + b_{12} x_1 x_2 + b_{13} x_1 x_3 + b_{23} x_2 x_3 + b_{123} x_1 x_2 x_3$$

Para representar o modelo na sua forma final, utilizamos o critério

Teste t de Student.

Verificamos a significância dos coeficientes de regressão pelo critério de Student.

Preliminarmente, todos os coeficientes de regressão são calculados de forma univariada

A b intervalo de confiança $^{\Delta b}$.

$$S^2(\overline{y}) = \frac{1}{N}\sum_{u=1}^{N} S_u^2(y) = 0,0022153\ ;$$

$$S(\overline{y}) = \sqrt{S(\overline{y})} = \sqrt{0,0022153} = 0,0166406$$

$$\Delta b = t_T \frac{S(\overline{y})}{\sqrt{N}} = 2,12 \cdot \frac{0,0166406}{\sqrt{8}} = 0,0497735$$

O valor tabular do coeficiente de Student é retirado do livro de referência:

$$t_T\left[P_D, f(S_u^2) = N(m-1)\right] = t_T\left[P_D = 0,95; f = 8 \cdot (3-1) = 16\right] = 2,12.$$

Desde que os coeficientes de regressão sejam superiores ao coeficiente de confiança, são considerados significativos.

$b_0, b_1, b_2, b_3, b_{12}, b_{123} \geq \Delta b$ A partir dos resultados obtidos, podemos verificar que os valores calculados dos coeficientes são superiores aos valores tabelados, pelo que se assume que são todos significativos. [13]De acordo com estas condições, os coeficientes b e b_{23} não são significativos. Como resultado, obtém-se o seguinte modelo:

$$Y_R = 53,2271 + 2,2063x_1 - 2,1854x_2 - 2,3813x_3 + 0,5188x_1x_2 + 0,7104x_1x_2x_3 \quad (2.3.3)$$

Para testar a adequação do modelo, utilizamos a fórmula do critério de Fisher. Para isso, comparemos os dados experimentais e calculados do fator de saída (Tabela 3.6):

[K]Dado o número de coeficientes significativos $N = 6$, temos

$$S_{\text{над}}^2(y) = \frac{\sum_{u=1}^{N}(\overline{y}_u - \overline{y}_{Ru})^2}{N-k-1} = 1,98$$

Quadro 3.6

u	$\overline{y}_u$	$\overline{y}_{Ru}$	$\overline{y}_u - \overline{y}_{Ru}$	$(\overline{y}_u - y_{Ru})^2$
1	54,7	55,396	-0,696	0,484
2	60,3	60,192	0,108	0,012
3	51,3	51,408	-0,108	0,012
4	56,1	55,438	0,696	0,484
5	52,8	52,054	0,696	0,484
6	53,9	54,008	-0,108	0,012
7	45,3	45,225	0,108	0,012
8	51,4	52,096	-0,696	0,484
$\sum_{u=1}^{N}$	-	-	-	1,984

$S^2(\overline{y}) = 0,3684$ O valor obtido é superior ao valor, pelo que o valor calculado do critério é determinado pela fórmula:

$$F_R = \frac{S^2_{нас}}{S^2_y} = 5{,}3845$$

Encontre o valor tabelado do coeficiente de Fisher:

$$F_T\left[P_D = 0{,}95; f\left(S^2_y\right) = 16, \; f\left(S^2_{над}\right) = 4\right] = 5{,}85.$$

$_{RT}$Uma vez que, a partir da condição $F < F$, o modelo é considerado adequado.

Com base nos resultados obtidos, obtemos dependências gráficas. São determinados os valores-limite da área de trabalho da superfície da malha, da humidade do algodão e da produtividade para limpar o algodão da seiva fina com uma eficiência de limpeza de 44% a 60%.

Os gráficos (Fig.3.8) mostram a influência no efeito de limpeza de diferentes valores do ângulo de cobertura da área de trabalho da superfície da malha e do teor de humidade do algodão a uma capacidade da fábrica de 3 toneladas/hora.

$180^0 < \alpha < 195^0$ A análise das dependências gráficas obtidas mostra que na produtividade do limpador em 3 toneladas/hora para alcançar um efeito de limpeza de 52% é necessário valor do ângulo de cobertura da área de trabalho da superfície da malha no intervalo de humidade não excedendo o valor de 12% a 15%.

$180^0 < \alpha < 240^0$ Com uma capacidade de limpeza de 3 toneladas/hora, para obter um efeito de limpeza de 56%, o ângulo de cobertura da área de trabalho da superfície da malha deve estar entre uma humidade não superior a 13,5% e 15%. Para alcançar o efeito de purificação das impurezas finas das ervas daninhas, 60% dos valores dos parâmetros dos factores de entrada não são satisfeitos.

A Fig. 3.9 mostra os gráficos da influência no efeito de limpeza de diferentes valores do ângulo de cobertura da área de trabalho da superfície da malha e do teor de humidade do algodão a uma capacidade de 5 toneladas/hora.

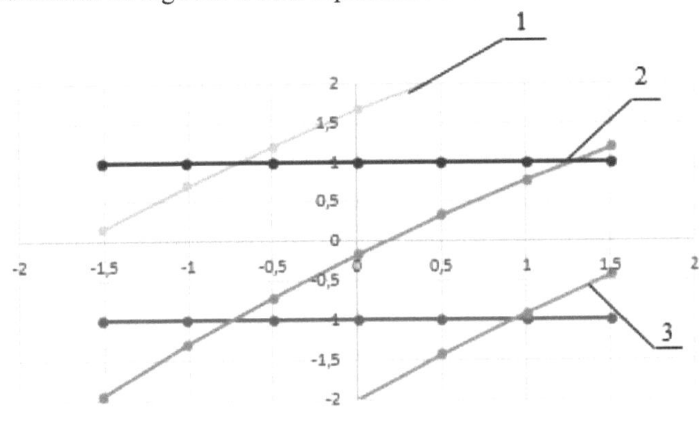

Fig. 3.8. Influência no efeito de limpeza de diferentes valores do ângulo de cobertura da área de trabalho da superfície da malha e do teor de humidade do algodão numa instalação laboratorial com uma capacidade de 3 toneladas/hora

1 - com um efeito de limpeza de 52%;

2- com um efeito de limpeza de 56%;

3- com um efeito de limpeza de 60%.

A análise das dependências gráficas obtidas mostra que com a produtividade do limpador em 5 toneladas/hora para atingir o efeito de limpeza em 52% é necessário o valor do ângulo de cobertura da zona de trabalho de uma superfície de malha no intervalo 1800<a<2250 a uma humidade não superior a valores de 10,5% a 15%. Com uma capacidade de limpeza de 5 toneladas/hora, para obter um efeito de limpeza de 56%, é necessário um ângulo de cobertura da zona de trabalho da superfície da malha no intervalo 2250<a<2400 a uma humidade que não exceda o valor de 9% a 10,5%.

Para conseguir o efeito de purificação das impurezas finas das ervas daninhas, os valores de 60% dos parâmetros dos factores de entrada também não são satisfatórios

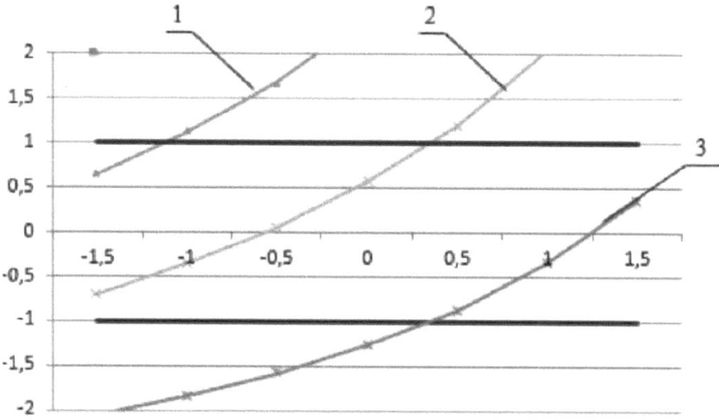

Fig.3.9 Influência no efeito de limpeza de diferentes valores do ângulo de cobertura da área de trabalho da superfície da malha e do teor de humidade do algodão na produtividade da instalação laboratorial 5 toneladas/hora

1- - com um efeito de limpeza de 48%;

2- com um efeito de limpeza de 52%;

3- com um efeito de limpeza de 56%. a

A Fig. 3.10 mostra os gráficos da influência no efeito de limpeza de diferentes

valores do ângulo de cobertura da área de trabalho da superfície da malha e do teor de humidade do algodão a uma capacidade de 7 toneladas/hora.

A análise das dependências gráficas obtidas mostra que, com a produtividade da máquina de limpeza em 7 toneladas/hora, para obter um efeito de limpeza de 48%, é necessário um valor de um ângulo de cobertura de uma zona de trabalho de uma superfície de grelha no intervalo 1800<a<2100 com uma humidade que não exceda o valor de 12% a 15%.

Com uma capacidade de limpeza de 5 toneladas/hora, para obter um efeito de limpeza de 52%, o ângulo de cobertura da área de trabalho da superfície da rede deve situar-se entre 1800<a<2400 a uma humidade que não exceda o valor de 9% a 15%.

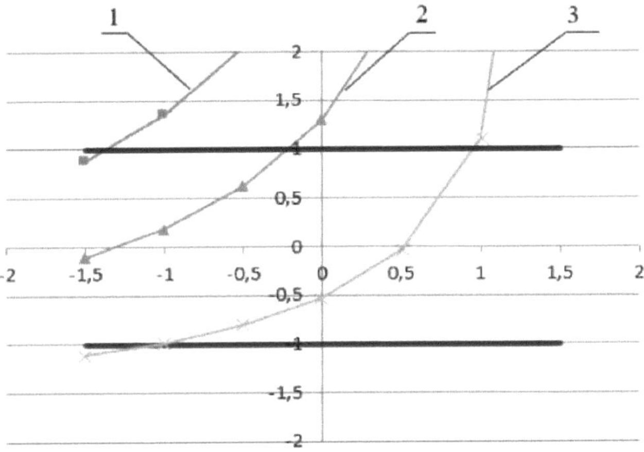

Fig.3.10 Influência no efeito de limpeza de diferentes valores do ângulo de cobertura da área de trabalho da superfície da malha e do teor de humidade do algodão na produtividade da instalação laboratorial 7 toneladas/hora

1- - com um efeito de limpeza de 44%;
2- com um efeito de limpeza de 48%;
3- com um efeito de limpeza de 52%.

Com base em testes laboratoriais da máquina de limpeza modernizada com disposição vertical da secção de limpeza de finos, planeamento de experiências e análise de factores que influenciam o efeito de limpeza da máquina, verificou-se que o efeito de limpeza ótimo da máquina é de 56%.

3.3. Classificação dos limpadores de finos de algodão.

Para identificar e selecionar áreas de investigação, com base no estudo e análise de trabalhos científicos anteriores no domínio da limpeza do algodão de impurezas de infestantes finas, foi necessário proceder à sua classificação, permitindo sistematizar e determinar prioridades na resolução dos problemas tecnológicos estabelecidos. A partir daí, foram estudados os esquemas de classificação anteriores de limpeza do algodão de impurezas de ervas finas, desenvolvidos por cientistas nacionais [15, p. 136] e [43, p.77], que introduzem a classificação dos limpadores de ervas finas (Fig.3.11), que permite revelar vantagens e desvantagens dos modelos existentes de limpadores, bem como as suas unidades de trabalho e princípio de ação. A análise destes esquemas de classificação permite definir as direcções prioritárias de investigação, mostrando reservas significativas no aumento da eficiência do processo. Essas direcções são: utilização racional e aumento do caminho do movimento do fluxo de algodão ao longo da superfície da malha (arco de limpeza); seleção de modos óptimos de limpeza e rotas de movimento de trânsito do algodão, nos quais se consegue a sua limpeza máxima; obtenção de uma utilização eficaz de estacas e tambores de ripas no processo de limpeza do algodão de pequenas impurezas de ervas daninhas devido à mudança espacial das suas formas de disposição.

A base do esquema de classificação proposto para os limpadores de algodão de pequenas impurezas de ervas daninhas é a variante desenvolvida por A.E.Lugachev no trabalho científico acima mencionado (Fig.3.12). O esquema é complementado com uma caraterística - o princípio do movimento do fluxo de algodão, que consiste, por sua vez, em impacto forçado e impacto livre sem impacto, impacto suave. Além disso, de acordo com a direção do fluxo de algodão, as máquinas de limpeza dividem-se em: horizontais, inclinadas, escalonadas e verticais, que se dividem, de acordo com o ângulo de circunferência do tambor cónico pela superfície da malha, em menos de $90o$ e mais de $90o$. Dado que, no módulo de limpeza do algodão a partir de pequenas impurezas de ervas daninhas, o órgão de transporte-descascamento, juntamente com o movimento do algodão, é a causa do fluxo de ar, então, ao modernizar os esquemas existentes de limpeza do algodão, é necessário ter em conta este fator de intensificação do processo de limpeza do algodão. Tendo em conta este esquema de classificação dos limpadores de algodão de pequenas impurezas de ervas daninhas, são reveladas as formas do seu melhoramento.

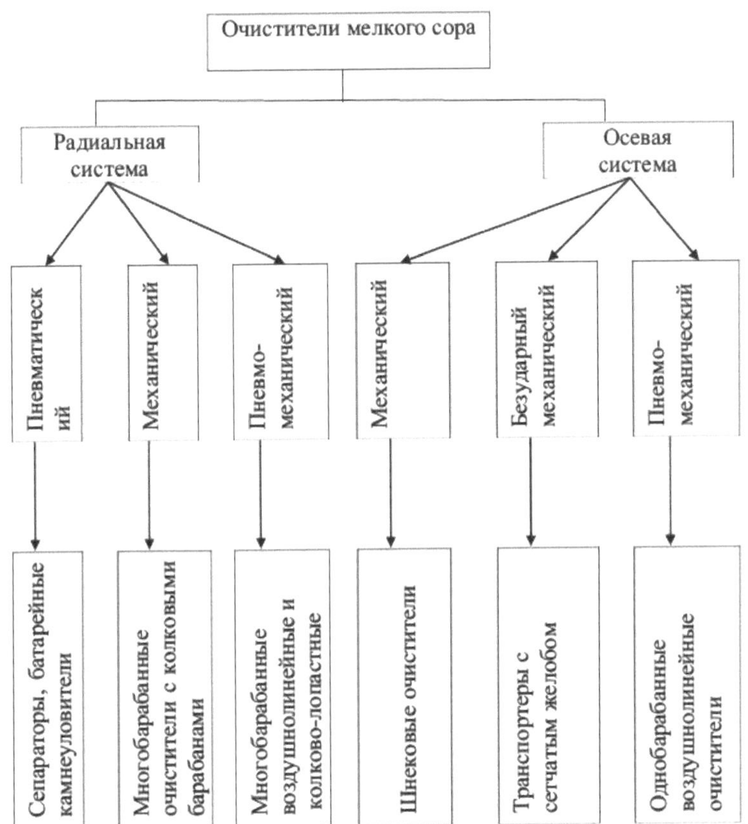

Fig.3.11 Classificação dos produtos de limpeza de folhada fina (por M.Jamalova)

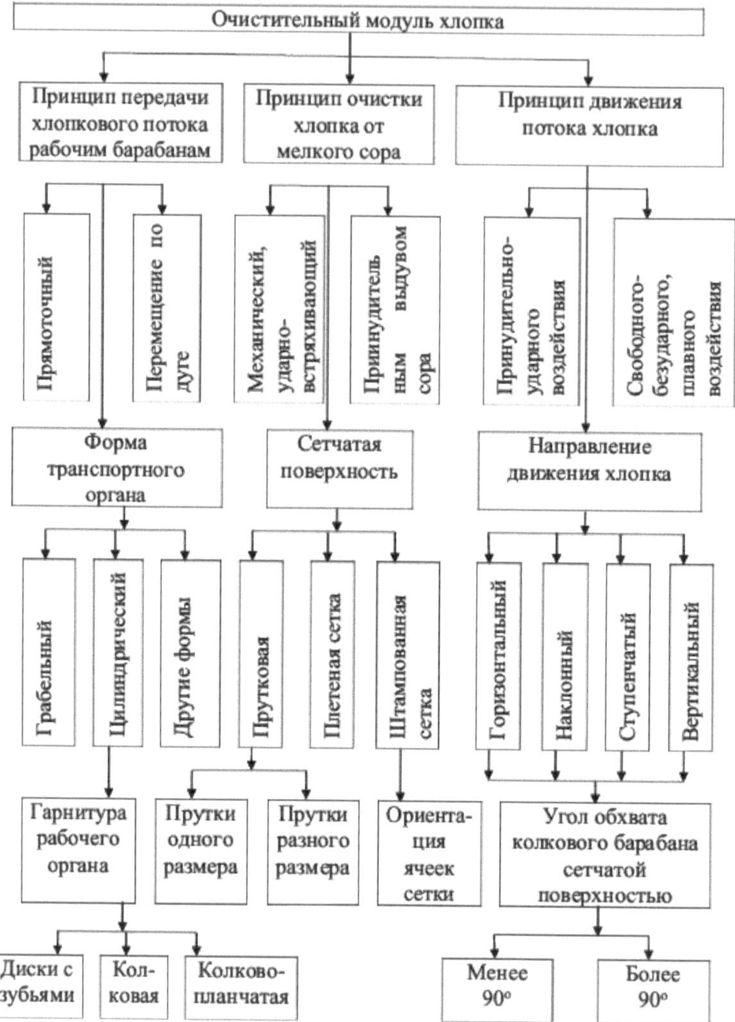

Fig.3.12 Esquema de classificação dos produtos de limpeza de algodão a partir de impurezas de pequenas ervas daninhas.

3.4 Limpador vertical de detritos finos

Para limpar o algodão colhido à mão e à máquina de pequenas impurezas de ervas daninhas com um teor de humidade não superior a 14%, estão instaladas nas oficinas de limpeza máquinas de limpeza das marcas SCh-02, 1HK ou 6A-12M1.

As máquinas de limpeza das marcas 1XK e СЧ-02 também são utilizadas como parte de linhas de fluxo em oficinas de limpeza e secagem-limpeza de fábricas de algodão com baterias de máquinas de limpeza ЧХ-5, ЧХ-6 e ЧХ-3М2 com instalação obrigatória no início do processo tecnológico de um apanhador de impurezas pesadas.

Requisitos tecnológicos para os produtos de limpeza:

1. garantir um efeito de limpeza máximo;

2. Evitar a danificação das fibras e das sementes durante a limpeza;

3. minimizar o desperdício de fardos de algodão com impurezas de ervas daninhas.

Nas máquinas de limpeza de algodão fino 1XK, o processo de transporte do algodão é efectuado através do movimento unidirecional dos tambores cónicos. Na zona entre dois tambores adjacentes, que se movem em direção um ao outro, as partículas de algodão são sujeitas a impactos significativos das estacas dos tambores adjacentes. $_2$A velocidade linear dos tambores cónicos é de V1 = 9 m/s, e a partícula de algodão sofre um impacto a uma velocidade de V = 18 m/s (adiciona-se a velocidade do tambor cónico adjacente). Em consequência, ocorrem danos significativos nas fibras e nas sementes [44 -p.27-32].

Na continuação da investigação anteriormente realizada [15 - p. 111], propomos um esquema melhorado de limpeza vertical de algodão a partir de seiva fina, que permite eliminar as desvantagens acima referidas através do movimento sequencial de tambores de estacas, onde existe a oportunidade de aumentar o ângulo de cobertura da superfície da malha do tambor. O esquema proposto está representado na Fig.3.13, que mostra uma secção transversal do mesmo. A velocidade de rotação unidirecional dos tambores cónicos permite eliminar situações de abate na máquina. Para este esquema do design do limpador de seiva fina, o pedido n.º FAP 20170134, de 27 de novembro de 2017, foi apresentado à Agência de Propriedade Intelectual da República do Uzbequistão. °Ao mesmo tempo, o ângulo de circunferência do tambor cónico pela superfície da malha é superior a 180 . O esquema dado de disposição das secções de limpeza e o transporte consecutivo do algodão em secções de limpeza conjugadas permite aumentar significativamente o efeito de limpeza, preservando também os indicadores qualitativos naturais do algodão e dos seus componentes, salvando as fibras e as sementes de danos durante o transporte nos tambores, o que constitui a base para o desenvolvimento da tecnologia de limpeza vertical do algodão nas fábricas de algodão.

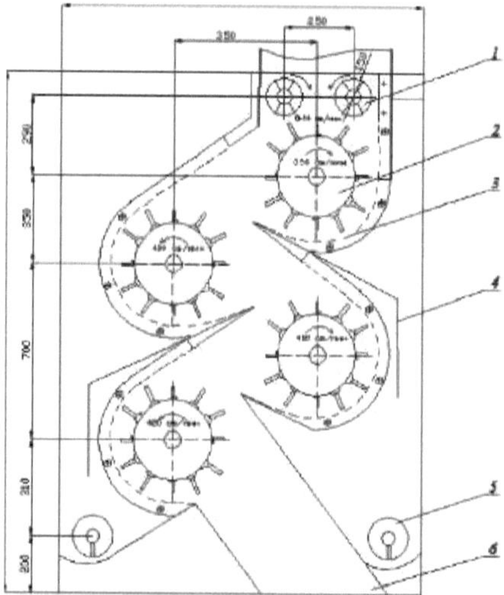

Fig. 3.13 Diagrama esquemático de uma máquina de limpeza de areia fina com tambores de estacas e pratos dispostos vertical e paralelamente com movimento sequencial de algodão

1 - alimentador; 2 - tambor da placa de alimentação; 3 - superfície da malha;
4 - tela de proteção; 5 - sem-fim de recolha; 6 - tubo de saída
A máquina de limpeza vertical de colheita fina com tambores de estacas e de ripas situados vertical e paralelamente, com movimento sequencial do algodão, inclui um alimentador 1, sob o qual, no plano vertical, no decurso do processo, é instalada a secção de limpeza do algodão da colheita fina com tambores de estacas 2 e superfícies de malha 3. Para evitar impurezas de ervas daninhas para a nova limpeza existem telas de proteção 4 e para remover as impurezas de ervas daninhas existem parafusos de ervas daninhas 5. Para a remoção do algodão limpo e o seu transporte para o processo tecnológico seguinte na máquina de limpeza, existe um tubo de saída 6. No trabalho do limpador de sorgo fino modernizado, o algodão do alimentador 1 é alimentado aos tambores de placa de estaca 2 com superfícies de malha 3, onde o algodão é limpo de sorgo fino. ° A instalação de tambores adjacentes com deslocamento no plano horizontal e a direção oposta da sua rotação permitirá aumentar mais de 180 ângulos de cobertura da superfície de malha 3 do tambor de estacas 2, o que levará a um aumento acentuado do efeito de limpeza (nos limpadores existentes - até 40%), e o movimento sequencial em ziguezague do fluxo de algodão proporcionará uma elevada fiabilidade do limpador em funcionamento.
Além disso, em cada transição de um tambor de estacas e ripas para o seguinte, o fluxo de algodão inverte a superfície de limpeza. Este facto aumenta

significativamente a eficiência da limpeza do algodão em comparação com a disposição horizontal tradicional dos corpos de trabalho da máquina de limpeza fina, em que o algodão é limpo unilateralmente. Ao atingir a superfície da malha da secção seguinte, o algodão recebe um impacto adicional, que liberta eficazmente as impurezas finas das ervas daninhas. É instalada uma tela de proteção 4 para evitar que as impurezas de ervas daninhas entrem na limpeza secundária. As impurezas de ervas daninhas são removidas da máquina por meio de sem-fins de ervas daninhas 5. O algodão limpo é transportado para processamento posterior através do tubo de saída 6.

A eficiência económica da proposta é formada pelo aumento do efeito de limpeza do equipamento, reduzindo o seu número no processo tecnológico e, consequentemente, o consumo de energia, assim como a tecnologia vertical modernizada de limpeza do algodão permite eliminar o aparecimento de fibras curtas no processo de limpeza do algodão de pequenas ervas daninhas. A análise das características técnicas comparativas das máquinas de limpeza da marca 1XK e da máquina de limpeza de algodão (Quadro 3.7) com secções verticais de limpeza de ervas daninhas finas mostrou que o efeito de limpeza da máquina aumentou 10% e o consumo de energia diminuiu 28,1%.

Características técnicas comparativas da máquina de limpeza 1XK e da máquina de limpeza de algodão com secções verticais de limpeza de finos

Quadro 3.7

№	Características tecnológicas	1HK	WOK
1	Efeito de limpeza com humidade inicial 8 - 9 por cento e pelo menos 9 por cento de infestantes	45 - 50	50 - 55
2	Capacidade, kg/h, não superior: 1º e 2º ano 3º e 5º anos	7000 5000	7000 5000
3	Potência instalada, kW: acionamento de tambores de caixa atuador do regulador de potência	12 0,25	8 0,25
4	Consumo de energia em marcha lenta dois com tambores de caixa, kW, não mais	1,12	1,12
5	Consumo de eletricidade em carga, kWh,	6,4	4,6
6	Consumo de ar para o transporte de detritos e aspiração, m^3 / s	0,6	0,6
7	Velocidade do ar na conduta de aspiração, m/s,	18	18
8	Velocidade de rotação, rpm: tambores de caixa rolos de alimentação	420 0 -12	390-42 0 0 -12

9	Lacunas tecnológicas entre os pinos de um cone do tambor e da malha, mm	14 - 20	14 - 20
10	Dimensões totais DxWxH, mm	3925x 2670 x1833	1200x 2670 x2000
11	Peso, kg	3100	2800
12	Arco de perímetro máximo das quatro estacas de tambores com superfície de malha, mm	2744	5832

A Fig. 3.14 apresenta uma amostra industrial de um sistema modernizado de limpeza de areia fina com tambores de estacas dispostos vertical e paralelamente, com movimento sequencial do algodão.

A intensidade metálica da máquina de limpeza de sorgo fino modernizada, com tambores de estacas de madeira situados verticalmente e paralelamente, com movimento sequencial do algodão, em comparação com a máquina de limpeza de sorgo fino 1HK, foi reduzida em 9,7%, e o arco máximo de circunferência dos tambores de estacas com superfície de malha foi aumentado em 210%, o que permitiu aumentar o efeito de limpeza da máquina e preservar os indicadores de qualidade natural das matérias-primas.

Fig.3.14 Amostra de produção de uma máquina de limpeza de folhagem

fina modernizada com estacas verticais e paralelas e tambores de lâminas
com movimento sequencial do algodão

VI CAPÍTULO

RESULTADOS DOS ENSAIOS E
EFICIÊNCIA ECONÓMICA
DA APLICAÇÃO
4.1 Resultados dos ensaios de produção da máquina
de limpeza vertical de
relva fina na unidade UCC

O Conselho Consultivo Internacional do Algodão (ICAC) prevê que a produção de algodão em 2025 enfrentará desafios relacionados com as alterações climáticas, os elevados custos de produção, a tecnologia de produção e questões políticas. As duas principais alterações climáticas que afectarão a produção de algodão são o aumento das temperaturas e os elevados níveis de concentração de dióxido de carbono. O aumento dos custos de produção exigirá mais recursos financeiros, tornando a produção de algodão uma atividade mais arriscada para os agricultores. Os requisitos agronómicos do algodão mudarão drasticamente até 2025. As normas ambientais tornar-se-ão mais rigorosas sob pressão do sector político, da sociedade civil e dos consumidores. Os produtores de algodão terão de tomar decisões estratégicas muito importantes. Os agricultores terão de assegurar abordagens competitivas sustentáveis para equilibrar a produtividade e a qualidade das fibras. A produção de algodão em 2025 terá de se adaptar e assegurar a coexistência de diferentes formas de sistemas de produção, como o algodão biológico, o algodão biotecnológico e o algodão de comércio justo, para além do algodão convencional. Por conseguinte, o apoio à decisão terá de ser reconsiderado.

A atual orientação do desenvolvimento das novas tecnologias exige uma coerência mútua entre as diferentes disciplinas. Um nível mais elevado de abordagens multidisciplinares exigirá uma melhor organização e experiência prática interpessoal para garantir o êxito. As instituições do sector público devem adaptar-se ao ambiente em mudança e reavaliar as suas prioridades e incentivos. No entanto, o sucesso depende de investimentos em tecnologia e de sistemas regulamentares viáveis em todo o mundo.

A amostra industrial do sistema modernizado de limpeza de areia fina com tambores de estacas dispostos vertical e paralelamente com movimento sequencial de algodão foi fabricada nas oficinas de produção da Samarkandpaxtamash JSC

O limpador vertical de seiva fina que faz parte da linha de fluxo UCC passou nos testes de produção em Kattakurgon Pahta Tozalash JSC na primeira unidade da linha de fluxo UCC. Durante os testes, foram determinados os dados comparativos dos indicadores técnicos das máquinas e os indicadores qualitativos do algodão processado.

Os indicadores comparativos da tecnologia de limpeza do algodão no CCU em linha com secções verticais de limpeza da seiva fina (Quadro 4.1) mostraram que o número de tambores de estacas e de placas na unidade modernizada diminuiu duas unidades, a área da "secção viva" da superfície da malha dos tambores aumentou 38,2%, a intensidade energética diminuiu 11% e a intensidade metálica 5%.

Devido à modernização da máquina de limpeza de seiva fina com tambores de estacas e pratos localizados vertical e paralelamente, com movimento sequencial do algodão na unidade de limpeza de algodão da UCC, o número de zonas de contra-rotações de tambores de estacas e pratos adjacentes foi reduzido em 41,7%, o que permitiu reduzir a saída de material fibroso nos resíduos de infestantes em 32,6% (relativamente).

Os indicadores comparativos da limpeza do algodão das variedades de seleção "Bukhara 102", III - variedade industrial, 1.ª classe e "Omad", III - variedade industrial, 1.ª classe são apresentados no quadro 4.2.

Indicadores tecnológicos comparativos da tecnologia de limpeza do algodão numa linha em linha com secções verticais de limpeza da seiva fina

Tabela 4.1.

№	Indicadores	Variantes da unidade	
		Exploração de 2 unidades UHC(4)+1HC	Com duas máquinas de limpeza verticais
1	Número de tambores de colarinho nas máquinas, peças.	24	22
2	Capacidade da máquina, toneladas/hora	7	7
3	Área da "secção viva" da superfície da malha para tambores de cone, m^2	24 x 2 x 0,628 = =25,1	14 x 2 x 0,628 = 17,6 8 x 2 x 1,44 = 23,0 17,6 + 23,0= 40,6
4	Intensidade energética das máquinas, kW	128	114
5	Intensidade metálica das máquinas, toneladas	40	38
6	Volume ocupado da máquina, m^3	20x2x2x2= 80	12x2x2x2 =48
7	Área da loja de secagem e limpeza, m^2	42x18=756	18X18=324

8	Custo do equipamento, milhares de UZS	49900x9449x2= 943010	41150x9449x2=777653
9	Número de zonas de contra-rotação de tambores de barra de pinos adjacentes	12	7
10	Separação de fibras curtas durante a limpeza, kg/hora	Média de 1,81 ou mais	Não superior a 1,22

Desempenho comparativo dos ensaios de produção de uma máquina de limpeza de folhagem fina modernizada com estacas verticais e paralelas e tambores de ripas com movimento sequencial do algodão

Tabela 4.2.

| № | Indicadores | Opções | Indicadores de algodão de variedades selectivas e industriais | |
			Bukh-102, grau W, 1ª classe.	Omad, grau W, 1ª classe.
1.	Teor de humidade inicial do algodão, %	Existente	13,5	13,2
		Proposta	13,5	13,2
2.	Contaminação inicial do algodão, %	Existente	3,1	4,6
		Proposta	3,1	4,6
3.	Dos quais, teor de seiva fina no algodão, %	Existente	2,4	3,6
		Proposta	2,4	3,6
4.	Teor de humidade do algodão após a limpeza, %	Existente	8,7	7,9
		Proposta	8,9	8,1
5.	Diferença após limpeza do algodão, %	Existente	1,45	2,16
		Proposta	1,12	1,43
6.	Contaminação e soma de defeitos na fibra, %	Existente	1,51	2,52
		Proposta	1,23	2,12

A análise da tabela mostra que, na variante de limpeza proposta, o algodão é limpo até 33,8% mais eficientemente do que na variante existente. O desempenho das fibras melhorou até 18,5%.

4.2 Cálculo da eficiência económica da introdução de um dispositivo de limpeza vertical na unidade CCS

A eficiência económica foi calculada tendo em conta, principalmente, a eliminação de fibras curtas no processo de limpeza do algodão de ervas daninhas finas e a redução dos custos de energia. A eficiência económica da introdução da máquina vertical modernizada de limpeza de algodão de infestantes finas foi calculada a partir de dados comparativos obtidos durante os testes laboratoriais e de produção da máquina. De acordo com os dados do passaporte, o efeito de limpeza do limpador de algodão em série de impurezas de ervas daninhas finas marca 1 XK com teor de humidade de 8-9% e entupimento de algodão inferior a 9% é de 45-50%. O consumo de eletricidade é de 12 kW para 8 tambores de piquetagem.

A transição gradual e preferencial para a colheita mecânica de algodão cru exige uma atenção especial à tecnologia de processamento primário do algodão, principalmente à limpeza do algodão cru. Como resultado de investigações anteriores, foi criado no final do século passado um complexo universal do algodão (UCC). °Apesar das vantagens das máquinas de limpeza operacionais do UCC num conjunto com um limpador de seiva fina 1 XK, as secções de limpeza de seiva fina funcionam de forma ineficiente, uma vez que o ângulo de contacto de trabalho entre o tambor cónico e a superfície da malha não é superior a 100 .

Devido à contra-rotação dos tambores adjacentes na área em que o algodão encontra o segundo tambor, há danos consideráveis no algodão (especialmente no caso de graus baixos) devido à mudança abrupta de direção do algodão na secção de limpeza seguinte do processo. Como consequência, ocorrem danos significativos nas fibras e nas sementes. O funcionamento da unidade UCC apresenta também uma série de problemas, tais como: elevado consumo de energia da unidade - 98 kW, elevado consumo de metal da estrutura - até 20 toneladas num conjunto completo com um limpador 1XK -, situações frequentes de abate no processamento de fibras de baixa qualidade, problemas de manutenção e limpeza da unidade, uma fonte de emissão de resíduos fibrosos para a atmosfera.

Na máquina de limpeza de algodão de folhada fina modernizada proposta, com compressão vertical dos tambores de estaca e de placa, a velocidade de rotação unidirecional dos tambores de estaca permite eliminar situações de abate na máquina. °Ao mesmo tempo, o ângulo da circunferência do tambor da estaca com a superfície da malha é superior a 180 e a trajetória sem choques do movimento do algodão durante a sua limpeza é realizada. O esquema de disposição das secções de limpeza permite aumentar consideravelmente o efeito de limpeza e também preserva os indicadores qualitativos naturais do algodão e dos seus componentes, o que constitui a base para o desenvolvimento da tecnologia de limpeza vertical do algodão nas fábricas de algodão.

O cálculo da eficiência económica da introdução de novo equipamento e tecnologia nas empresas de descaroçamento de algodão é efectuado com base nas orientações metodológicas desenvolvidas [45 - p.34].

Para comparar as tecnologias de base e as tecnologias propostas para a limpeza do algodão das impurezas das ervas daninhas finas e para a análise económica dos resultados obtidos nos cálculos, são utilizados os indicadores tecnológicos da máquina de limpeza 1HK utilizada na indústria e a tecnologia proposta para a limpeza vertical do algodão das ervas daninhas finas.

O cálculo da eficiência económica anual é efectuado com base na comparação das despesas relativas à tecnologia existente e à tecnologia proposta de limpeza do algodão de pequenas impurezas de ervas daninhas para o algodão de qualidade inferior, o que, para uma fábrica de algodão média com uma capacidade de transformação de 30 000 toneladas, representa 26% ou 7800 toneladas do volume total da colheita de algodão. Partindo de um rendimento médio em fibras de 32%, o volume de fibras de qualidade inferior produzido é de 2496 toneladas.

Com base nas orientações metodológicas acima referidas, calculamos a eficiência económica anual da introdução de novas tecnologias, meios de mecanização e automatização dos processos de produção de acordo com a seguinte fórmula [46 - p.468]:

$$Э = [(C1 + E_н * K1) - (C2 + E_н * K2)] * A + (C_т2 - C_т1) \qquad (4.1)$$

Aqui:

E - efeito económico anual, milhares de UZS.

C1 e C2 - valor atual do equipamento existente e do equipamento modernizado, milhares de UZS;

En - coeficiente normativo de eficiência de investimentos de capital - 0,15; K1 e K2 - investimentos de capital relativos na variante existente e proposta da tecnologia de limpeza de algodão de impurezas de ervas daninhas ths.sum;

A- volume anual de produção em termos físicos;

St1 e St2 - custo da produção na variante existente e na variante proposta da tecnologia de limpeza do algodão das impurezas das ervas daninhas - milhares de soums;

O quadro 4.3 resume os dados comparativos para os cálculos.

Calculamos os parâmetros a alterar.

Os custos de produção da linha CCS com limpadores verticais de algodão a partir de pó fino ascendem a 82560 mil soums.

Cálculo das despesas de capital

Nos investimentos de capital de base nas variantes de base e implementadas, é tido em conta o custo do equipamento - 136000 mil UZS e 82560 mil UZS.

As despesas de capital adicionais incluem o transporte e a instalação de equipamento (10 % do custo do equipamento), ou seja, 13600,0 mil UZS e 8256,0 mil UZS.

O total das despesas de capital, incluindo as despesas de capital adicionais, encontra-se em ambas as variantes:

$K_1 = 136000 + 13600 = 149600$ mil soums

$K_2 = 82560 + 8256 = 90816$ ths.soum

Dados comparativos resumidos para os cálculos

Tabela 4.3.

Nº	Indicadores	Unidade de medida	Opções	
			Tecnologia existente	Tecnologia proposta
1	Limpador de algodão para remover pequenas impurezas de ervas daninhas	peças	2	2
2	Médio desempenho da máquina de descaroçar	tonelada	7	7
3	Fundo de maneio anual do tempo da fábrica de algodão	Hora	861	861
4	Produção anual fibra de algodão	tonelada	2496	2498
5	Consumo de eletricidade para a CCS em linha completa com o sistema de limpeza 1XK.	kW/suporte	64	57
6	Preço da eletricidade por 1 kWh	Soma	348	348
7	Preço de instalação	mil soums	136000	82560
8	Peso da linha de fluxo CCS completo com limpador 1XK	tonelada	20	12

Cálculo dos custos de funcionamento

O cálculo é efectuado por rubricas variáveis e consiste no cálculo dos montantes das deduções para as reparações correntes (quadro 4.4).

O custo das reparações correntes é considerado como sendo 5% do custo do equipamento.

Os custos actuais de reparação no cenário de base são os seguintes:

para a reparação atual: 13600 - 5 / 100 = 6800 mil soums;

Os custos das reparações actuais na variante implementada são os seguintes:

8256 - 5 / 100 = 4080 mil soums;

Cálculo comparativo dos custos de eletricidade

Os custos de eletricidade são calculados de acordo com a seguinte fórmula:

$$W = Py*Kc*To*C_9 \qquad (4.2)$$

Aqui, Py - potência instalada de motores eléctricos;

Kc - coeficiente de procura;

Para - tempo de funcionamento do equipamento;

Sa - preço de 1 kWh de eletricidade;

O custo da eletricidade na variante existente é:

W=64*0,7*861*348 = 13423 mil soums;

Como proposto:

W=57*0,7*861*348 = 11955 mil soums.

Custos comparativos das opções de equipamento existentes e propostas

Tabela 4.4.

№	Nome da despesa	Custo das despesas, milhares de UZS	
		Existente variante	Proposta variante
1	Despesas de amortização	22 440	13 464
2	Despesas com reparações correntes	6 800	4 080
3	Custos de eletricidade	13423	11955
4	Conclusão:	42663	29499

Cálculo da eficiência económica devido à redução da produção fibra para resíduos

O cálculo da eficiência económica é feito pela diferença da quantidade de fibra produzida pelas tecnologias existentes e propostas de limpeza do algodão das impurezas das ervas daninhas.

A tecnologia modernizada de limpeza vertical do algodão elimina o aparecimento de fibras curtas durante o processo de limpeza do algodão a partir de pequenas ervas daninhas.

A perda de fibras para os graus baixos no processo de limpeza da seiva fina na tecnologia existente foi de 1558 por ano (861 soat*1,81 kg de fibras/hora). Para efetuar os cálculos, foram adoptados os preços do algodão de fibra média de grau III, classe III "urt" com o preço de 8084860 soums por tonelada de produção (lista de preços de fibra de algodão n.º 40-02-04-2019, aprovada pelo Ministério das Finanças da República do Usbequistão em 23 de outubro de 2019) [47].

Para efetuar os cálculos, o rendimento médio em fibras de uma empresa média de descaroçamento de algodão com uma reserva de algodão de 30 000 toneladas foi considerado como sendo de 9900 toneladas, com um rendimento médio em fibras de 33,5%.

Calculamos o custo da fibra de algodão nas tecnologias existentes e propostas de limpeza do algodão das impurezas das ervas daninhas:

St1 = 2496* (8084860*1,15) = 23206782 mil soums.

St2 =2498* (8084860*1,15) = 23225377 mil soums.

Com base nos resultados obtidos, calculamos a eficiência económica anual da introdução de uma tecnologia modernizada de limpeza vertical do algodão:

E1 = [(C1 + E n* K 1)- (C 2 + E n* K 2)]*A + (St 2 - St 1) =

= [(136000+ 0,15*149 600) - (82560+ 0,15*90816)] *1 +

+ (23225377- 23206782) = 80853 mil soums.

CONCLUSÕES E RECOMENDAÇÕES GERAIS

A análise da investigação sobre a melhoria da eficiência das máquinas de limpeza de sorgo fino mostrou que uma desvantagem significativa das máquinas existentes de disposição horizontal é o facto de o algodão estar sujeito a múltiplas deformações devido ao contra-impacto em contracorrente dos tambores de agulhas, o que contribui para o aparecimento de fibras curtas na composição das impurezas das ervas daninhas e para uma perda significativa de fibras.

Partindo destas posições, é necessário realizar investigações sobre a criação de uma tecnologia vertical eficaz de limpeza do algodão de ervas daninhas finas que poupe recursos e energia, aumentando o coeficiente de eficiência da secção transversal "viva" da superfície da malha, o que permitiria a preservação máxima dos indicadores qualitativos naturais do algodão. É revelado que, na tecnologia horizontal de limpeza do algodão de pequenas impurezas de ervas daninhas, o coeficiente de eficiência da secção "viva" não excede o valor de p = 0,25^0,30, enquanto na tecnologia vertical de limpeza este indicador é p = 0,58: 0,60, que é a base de uma limpeza eficaz do algodão de pequenas impurezas de ervas daninhas.

[234]Num conjunto de máquinas verticais de limpeza de algodão de pequenas impurezas de ervas daninhas, o número de quatro tambores de estaca que actuam sobre a mosca do algodão e a frequência de rotação dos tambores de estaca aumentam na seguinte sequência *F1<F2 <F3 <F4* e v1 <v <v <v , que é a razão para uma tecnologia vertical altamente eficiente de limpeza de algodão de pequenas ervas daninhas. Na limpeza do algodão de impurezas de ervas daninhas finas na tecnologia de limpeza horizontal existente, a velocidade de rotação dos tambores de estaca é de 9 m/s. Na tecnologia vertical de limpeza do algodão, existe a possibilidade de aumentar a velocidade de rotação dos tambores de estaca até ao valor de 9,67 m/s. Isto deve-se ao facto de não haver contra-impacto dos tambores de estacas, presentes na tecnologia horizontal de limpeza do algodão, que afectam negativamente os indicadores de qualidade natural do algodão processado.

Devido à ausência de efeitos de contra-choque no algodão processado, as cargas nos motores eléctricos foram consideravelmente reduzidas, pelo que, em vez de a potência total na tecnologia horizontal de limpeza do algodão a partir de pequenas ervas daninhas *W* = 11 kW*h, na tecnologia vertical de limpeza foi *W* = 6 kW*h.

O aumento do número de estacas envolvidas no processo de limpeza e o aumento da área útil da superfície da malha no método horizontal de limpeza do algodão, com base na análise teórica, foi de 36,2% e no método vertical de limpeza foi de 37,2%. Com valores do coeficiente de *atrito f=0,1* e *f=0,2,* respetivamente, no método de limpeza horizontal foi de 33,06% e 52,0%, no método de limpeza vertical foi de 43,86% e 69,87%.

Foi determinado que a disposição dos tambores em dois eixos verticais paralelos permite mudar o lado de limpeza para o lado oposto ao mover o algodão de um tambor para outro. Este é um dos componentes para aumentar o efeito de limpeza da máquina. As equações obtidas permitem determinar o efeito de limpeza das secções de limpeza entre as estacas do tambor de piquetagem. O efeito de limpeza máximo é alcançado nas secções entre a primeira e a terceira estacas do tambor, nas outras secções há uma diminuição do efeito de limpeza. De acordo com cálculos teóricos, o aumento do número de *M* conduz a um aumento significativo do efeito de limpeza na primeira e segunda secções de limpeza, podendo atingir 2025%.

Foi determinado que, para o coeficiente de atrito do algodão na superfície da malha igual a *f=0,1,* o efeito de limpeza da tecnologia existente de limpeza da seiva fina (disposição horizontal dos tambores de estacas) era de 33,1%, e para o coeficiente de *atrito do* algodão na superfície da malha igual a *f=0,2,* o efeito de limpeza era de 51,9%. Com o aumento do número de estacas e do coeficiente de atrito entre o algodão e a superfície da malha, o efeito de limpeza teórico aumentou para 36,2% ha para a tecnologia de limpeza horizontal e para 37,2% para a tecnologia de limpeza vertical. Os indicadores comparativos da tecnologia de limpeza do algodão no CCU em linha com secções verticais de limpeza da seiva fina mostraram que o número de tambores de estacas e pranchas na unidade modernizada diminuiu duas unidades, a área da "secção viva" da superfície da malha aumentou 38,2%, devido à modernização da unidade CCU o número de zonas de contra-rotações de tambores de estacas e pranchas adjacentes diminuiu 41,7%, o que permitiu reduzir a saída de material fibroso nos resíduos de ervas daninhas em 32,6% (relativamente). Na variante de limpeza proposta, o algodão é limpo de pequenas impurezas de ervas daninhas até 33,8% mais eficazmente do que na variante existente. Devido a esta contaminação e a soma dos defeitos na fibra diminuiu para 18,5%. A eficiência económica resultante da introdução da máquina de limpeza modernizada com disposição vertical das secções de limpeza de sorgo fino na oficina de secagem e limpeza da UCC foi de 764460 mil soums por ano.

LISTA DE REFERÊNCIAS

1. Declaração dos participantes na 8ª Reunião da Rede Asiática de Investigação e Desenvolvimento do Algodão. Tashkent. 11.09.2019.

2. Decreto Presidencial n.º UP-60 "Sobre a estratégia de desenvolvimento do Novo Uzbequistão para 2022-2026", de 28 de janeiro de 2022.

3. V. G. ARUDE, Cotton ginning ('rechnology, Trouble shooting and maintenance), Indian council of agricultural research, Wadi Nagpur, 2008, p.42-51.

4. http://www.sdmj.com.cn/ey/products.

5. R.A.Gulyaev, A.E.Lugachev, H.S.Usmanov Estado moderno da produção, transformação e qualidade dos produtos de algodão nos principais países produtores de algodão do mundo: Monografia. Tipografia da JSC "Paxtasanoat ilmiy markazi", Tashkent, 2017, - p.11.

6. https://findpatent.ru/patent/200/2004635 .html

7. Lugachev A.E. Pesquisa dos elementos básicos dos limpadores de algodão cru com o objetivo de aumentar os indicadores qualitativos do processo: Cand.Sci: - Kostroma, 1981. - c.31-32.

8. S.D. Boltabaev Limpeza preliminar do algodão cru de algodão colhido à máquina de impurezas de ervas daninhas: Cand. Candidato de Ciências Técnicas: - Tashkent, 1949, - p.156.

9. Budin E.F. Investigação de corpos de trabalho de serras de grelha de limpadores de algodão cru de algodão colhido à máquina de variedades de fibras médias: Cand. Candidato de Ciências Técnicas: - Tashkent, 1968, - p.146.

10. G.D.Jabbarov Processamento primário do algodão: "Legkaya Hindustriya", Moscovo 1978, - p.124.

11. Musakhodjaev Z.M. Sobre a questão da criação de uma máquina de limpeza combinada de algodão cru de colheita mecânica, : Dissertação ... Candidato de Ciências Técnicas: - Tashkent, 1970, - p.11.

12. V.A.Bogomolov Investigação e seleção do processo tecnológico de limpeza do algodão cru colhido à máquina na República do Azerbaijão, : Cand. Candidato de Ciências Técnicas: - Kirovabad, 1974, - p.171.

13. A.L.Sapon Investigação e desenvolvimento do progresso tecnológico do processamento primário de algodão cru de colheita mecânica com base numa linha de fluxo de processo completo: Cand. Candidato de Ciências Técnicas: - Tashkent, 1978, - p.135.

14. Abduazimov Sh.H. Aumento da eficiência da limpeza do algodão cru de pequenas impurezas de ervas daninhas através do melhoramento das grelhas: Cand. Candidato de Ciências Técnicas: - Tashkent, 1997, - p.134.

15. Lugachev A.E. Desenvolvimento das bases teóricas da alimentação e

limpeza do algodão em relação à tecnologia em linha do seu processamento: Cand. Doutor em Ciências Técnicas: - Tashkent, 1998, - p.99 - 136.

16. Bobomatov A.H. Criação de uma conceção eficaz e melhoria das bases científicas dos métodos de cálculo do limpador de algodão a partir de seiva fina: Cand. Cand.tehn.nauk: - Tashkent, 2017, - p.115.

17. I.D.Madumarov Aumento da eficiência do processo de limpeza com base na otimização das condições de calor-humidade e alimentação uniforme do algodão: Diss... Doutor em Ciências Técnicas, 2019, - p.181.

18. D.A.Usmanov, R.H.Karimov, K.K.Polotov Avaliação tecnológica do funcionamento de uma máquina de limpeza de quatro tambores. Problemas de ciência e educação modernas, Ivanovo, 2019, http://http://www.ipi1.ru.ipi1.ru.

19. Usmanov H.S., Ismailov A.A., Makhmudov Y.A. Cálculo dos efeitos da força na mosca do algodão na tecnologia de limpeza horizontal// Materiais da XVI Conferência científica e prática internacional Ciência de ponta - 2020 , 30 de abril - 7 de maio de 2020: Baku. EDUCAÇÃO E CIÊNCIA, Lda -233 p.

20. A.M. Aboukarima, H.A. Elsoury e M. Menyawi. Artificial Neural Network Model for the Prediction of the Cotton Crop Leaf Area (Modelo de rede neural artificial para a previsão da área foliar da cultura do algodão). Instituto de Investigação em Engenharia Agrícola, Centro de Investigação Agrícola, Dokki, Giza, Egipto.

21. https://www.colorcodepicker.com/

22. Código de Regulamentos Federais (CFR). 2010. Método 201A - Determinação das emissões de PM10 e PM2.5 de fontes estacionárias (procedimento de taxa de amostragem constante). 40 CFR 51, Apêndice M. Disponível em http://www.epa.gov/ttn/emc/ promgate /m-201a.pdf (verificado em 19 de agosto de 2013).

23. Agência de Proteção Ambiental (EPA). 2010. Perguntas mais frequentes (FAQS) sobre o método 201A [Online]. Disponível em http://www.epa.gov/ttn/emc/ methods/method201a. html (verificado em 19 de agosto de 2013).

24. Serviço Nacional de Estatísticas Agrícolas (NASS).1993-2012. Cotton Ginnings Annual Summary [Online]. USDA National Agricultural Statistics Service, Washington, DC Disponível em http://usda.mannlib.cornell.edu/MannUsda/ viewDocumentInfo.do?document ID=1042 (verificado em 19 de agosto de 2013).

25. Valco, T. D., H. Ashley, J. K. Green, D. S. Findley, T. L. PriceJ.M. Fannin, e R.A. Isom. 2012. The cost of ginningcotton-2010 survey results [O custo do descaroçamento do algodão - resultados do inquérito de 2010]. p. 616-619 In Proc. Conf. de Algodão de todo o país, Orlando, FL. 3-6 Jan. 2012. Natl. Cotton

Counc. Am., Memphis, TN.

26. Whitelock, D.P., C.B. Armijo, M.D. Buser e S.E. Hughs.2009 Utilização eficaz de ciclones em descaroçadores de algodão. Hughs.2009 Utilização eficaz de ciclones em descaroçadores de algodão. Appl. Eng. Ag. 25:563-576.

27. Armijo, C.B., e M.N. Gillum. 2010. Descaroçamento convencional e com rolo de alta velocidade de algodão de terras altas em descaroçadores comerciais. Eng. Agric. 26:5-10.

28. H.S.Usmanov, A.M.Salimov, F.N.Sirozhiddinov Aumento da Eficiência da limpeza do algodão cru e análise dos factores que influenciam este processo. Actas da XXIV Conferência Internacional Científica e Prática "EurasiaScience", 14.10.2019, - p.64-65.

29. H.S. Usmanov, I.Z. Abbozov, A.T. Doliev Tozalash zharayonida kozikchali barabalarni pakhtaning tabiyi khususiyatlariga tajsirining nazariy tahlili // "Mexanika muammolari" journal No. 3, 2019 yil, 60-63 betlar.

30. Usmanov Kh.S., Sabirov I.K., Khaitbaev Kh.Kh. Cálculo dos efeitos de impacto na mosca do algodão com a tecnologia de limpeza horizontal existente // Conferência internacional científica e prática Vistas e investigação modernas - 2021, janeiro-fevereiro, 2021: Egham.Independent Publishing Network Ltd -14, - pp. 69-74, DOI: . 69-74, DOI: http://doi.org/10.37057/E_7/

31. Usmanov Kh.S., Sabirov I.K., Khaitbaev Kh.Kh. Cálculo dos efeitos da força na mosca do algodão durante a limpeza na máquina de limpeza vertical // Conferência internacional científica e prática Vistas e investigação modernas - 2021, janeiro-fevereiro, 2021: Egham.Independent Publishing Network Ltd -14, - pp. 74-78 DOI:
http://doi. org/10.37057/E_7.

32. Usmanov Kh.S.,Salimov A.M.,Abbozov I.Z.,Doliyev A.T.,Tangirov A.A Análise teórica do efeito dos tambores de espiga nos indicadores qualitativos naturais do algodão na sua limpeza //International Journal of Advanced Research in Science, Engineering and Technology, India, Vol. 6, Issue 6 , setembro de 2019, - pp.67474 - 107474. 6, Issue 9 , September 2019, - pp.10742 - 10747. www.ijarset.com.

33. Usmanov H.S., Alimov M.A., Doliev A.T. Drum kozikchalari pakhta tolasiga tasir etuvchi kuchini aniklash va nazariy takhlili "Mashinashunoslikning dolzarb muammolari va ularning echimi" Academician Kh.Kh. Usmonkhujaev tavalludining 100 yilligiga baFishlangan Respublika ilmiy-amaliy conference makolalar tuplami, Toshkent, 2019 yil 20-21 November, 34-37 betlar.

34. Patil.P.G., Anap G.R., Arude V.G. Conceção e desenvolvimento de uma máquina de limpeza prévia de algodão do tipo cilindro. Mecanização agrícola na Ásia, África e América Latina. 2014, ISSN: 00845841.

35. Carlos B. Armijo, Kevin D. Baker, Sidney E. Hughs, Edward M. Barnes, e Marvis N. Gillum Colheita e Limpeza de Sementes de Algodão de uma Cultivar de Algodão com um Casaco de Semente Frágil The Journal of Cotton Science 2009. No.13:- pp.158-165).

36. Usmanov H.S., Gulyaev R.A., Lugachev A.E. Pesquisa e desenvolvimento de soluções inovadoras nas questões de limpeza eficaz do algodão cru Revista Científica e Técnica "Tukimachilik muammolari" 2018 No.3, -C.31.

37. B.M.Mardonov, H.S.Usmanov, F.N.Sirozhiddinov Modelação do processo de limpeza do algodão cru sob a ação de tambores de estaca dispostos verticalmente //Problems of Mechanics. - 2018, №1.- C 81-86.

38. Usmanov H.S., Abbozov I.Z., Sirozhiddinov F.N. Innovatsion vertikal tozalagichning tozalash samaradorligiga tajsir etuvci omillar tahlili //: "FarFOna polytechnika instituta ilmiy tekhnika journali" 2019 yil, 23-volume 3- soni, 44-50 bet.

39. GOST O'z DSt 643:2006

40. GOST O'z DSt 644:2006

41. GOST O'z DSt 592:2008

42. Adler Y.P., Markova E.V., Granovsky Yu. Granovsky Y.V. Experiment planning in search of optimal conditions (Planeamento de experiências em busca de condições óptimas). - Moscovo: Nauka, 1976. -275 c.

43. Jamalova M.M. Sobre a questão da limpeza do algodão cru da seiva fina. //Dissertação de Candidato de Ciências Técnicas. Tashkent, 1961, p.77

44. B.M.Mardonov, H.S.Usmanov, F.N.Sirozhiddinov Mechanika muammolari No.1 - 2019, pp.27-32.

45. Metodologia para determinar a eficiência económica da introdução de novas tecnologias, propostas de invenção e racionalização.-M., 1988. p.. 34.

46. Isaev P.A. va boshkalar. Ishlab chikarishni tashkil etish va business reja. "Tafakkur" nashriyoti, Toshkent, 2011, 468 bet.

47. Pakhta tolasining ulgurji narkhlari narkhnomasi. n.º 40-02-04-2019. Uzbequistão Respubliki Moliya Vazirligi. 23.10.2019 й.

Printed by Books on Demand GmbH, Norderstedt / Germany